工程效能十日谈

Rethinking Productivity in Software Engineering

[美]　**凯特琳·萨多夫斯基**
　　　（Caitlin Sadowski）　　主　编
　　　托马斯·齐默尔曼　　　　　　　　　**百度工程效能团队**　译
　　　（Thomas Zimmermann）　副主编

清華大學出版社
北京

内 容 简 介

本书共 5 部分 25 章，核心主题为工程效能，即软件工程中的生产力，具体内容包括：生产力的度量，何为生产力，软件工程中的生产力框架，具体场景下的软件生产力及其度量，如何消除浪费以提升生产力等可以推广到行业应用中去的最佳实践。

在软件开发百花齐放的当下，重新思考软件开发的生产力是必要而且可行的，书中包含丰富的思考与行动建议。来自产学研和各个学科的碰撞，构建出来一个大致可行的软件生产力认知、衡量和改善框架，对全球，尤其是互联网企业具有非常重要的现实意义。

北京市版权局著作权合同登记号 图字：01-2020-2707

First published in English under the title
Rethinking Productivity in Software Engineering
by Caitlin Sadowski, Thomas Zimmermann, edition: 1st Edition
Copyright © Caitlin Sadowski and Thomas Zimmermann, 2019
This edition has been translated and published under licence from
APress Media, LLC, part of Springer Nature.

图书在版编目（CIP）数据

工程效能十日谈 /（美）凯特琳·萨多夫斯基 (Caitlin Sadowski) 主编；百度工程效能团队译 . —北京：清华大学出版社，2023.2
ISBN 978-7-302-56115-6

Ⅰ . ①工… Ⅱ . ①凯… ②百… Ⅲ . ①软件工程 Ⅳ . ① TP311.5

中国版本图书馆 CIP 数据核字 (2020) 第 139306 号

责任编辑：文开琪
装帧设计：李 坤
责任校对：周剑云
责任印制：杨 艳
出版发行：清华大学出版社
　　　　　网　　　址：http://www.tup.com.cn, http://www.wqbook.com
　　　　　地　　　址：北京清华大学学研大厦 A 座　　邮　　编：100084
　　　　　社 总 机：010-83470000　　　　　　　邮　　购：010-62786544
　　　　　投稿与读者服务：010-62776969, c-service@tup.tsinghua.edu.cn
　　　　　质量反馈：010-62772015, zhiliang@tup.tsinghua.edu.cn
印 装 者：小森印刷霸州有限公司
经　　销：全国新华书店
开　　本：185mm×210mm　　　印　张：12　　字　数：386 千字
版　　次：2023 年 3 月第 1 版　　　印　次：2023 年 3 月第 1 次印刷
定　　价：99.00 元

产品编号：088108-01

谨以此书纪念我们一起经历的那些年。

——大桃（百度工程效能团队代表）

译序：探索软件工程效能的边界

德鲁克在《卓有成效的管理者》一书中，阐述了他对效率与效能的理解：

> 所谓"效率"（efficiency），是指"把事情做对"（to do things right）的能力，而"效能"（effectiveness）则是指"做成对的事情"（to get the right things done）。

在软件工程领域，当我们讨论工程效能的时候，如果还只是在考虑开发工具、需求卡片数量、代码变更行数、缺陷密度、版本发布周期等这些东西，就需要认真反思，看看是否已经陷入把软件工程师当作体力劳动者来管理的窠臼？

工程效能，着眼于把软件工程师当作知识工作者而非体力劳动者来对待，并以此为起点来构建技术治理体系。高效的工程师首先要知道自己的任务是什么，即为什么要做这件事情。工程师必须自己管理个人的生产力，同时要有自主性。不断创新，必须成为工程师的工作、任务和责任的一部分。工程师要持续不断地学习以及持续不断的教导他人。其产出不只是量的问题，质也一样重要。工程师必须被视为资产而不是成本，必须使工程师在面临其他就业机会的时候，仍然愿意为当前这个组织效力。

知难行易，认知升级需要新鲜思想的输入。这本书对 21 世纪软件工程领域最新、最全面的研究进展进行了总结。在其涉猎的 260 余篇引文中，80% 以上的文章都发表于 2000 年以后，2010 年以后发表的文章占比接近 60%。对软件工程这样一个有着 50 多年发展历史的学科，读者一下子就可以看到这么多经过精心汇总整理的前沿思考、观点和方法，从而能够站在巨人的肩膀上探索工程效能的边界，无疑是非常幸运的。

这本书的翻译始于那一年春节前夕，翻译团队成员来自百度和开源中国，大家因为对"追求工程卓越，服务 1001 万开发者"的共同志向而走到一起。春节期间倏然而至（而又零星散发）的新冠疫情，打乱了我们正常的工作和生活节奏。在举国战疫的过程中，软件扮演着一个非常重要的角色。《工程效能十日谈》的出版，如果可以帮助更多软件从业人员幸福而高效地生产软件，造福于社会，我们将深感欣慰。

本书所得翻译稿酬将经由百度公益基金会全部捐赠给国内新冠肺炎的相关研究项目。

前　言

正如安德森（Marc Andreessen）所说，软件正在吞噬世界，人们对软件的需求与日俱增。尽管专业软件开发人员的数量出现了巨幅增长，但仍然处于短缺状态。为了满足这一需求，我们需要更多高效的软件工程师。

在过去的几十年，人们对理解和提高软件开发人员与团队的生产力 * 进行了大量的研究。已经有大量关于软件生产力含义的研究成果。其中很多都引入了生产力的定义（非常多！），考虑了与生产力相关的组织问题，并侧重于提高生产力的具体工具和方法。事实上，大多数关于软件生产力的开创性工作都是在 20 世纪 80 年代和 90 年代进行的（如《人件》、《人月神话》和《个人软件过程》等）。

为什么会有这本书

这本书始于在德国达格斯图尔召开的、为期一周的工作坊。本次研讨会的动机是，自 20 世纪 80 年代和 90 年代以来，许多事情都发生了变化，是时候重新审视什么才是使现代软件工程师具备高生产力的根基。

自 20 世纪 80 年代和 90 年代以来发生了什么变化？今天的软件团队和工程师通常面临着全球化的现状，他们跨越国界和时区进行协作，实践敏捷软件开发，常用诸如 Stack Overflow 和 GitHub 等社会化协作工具，并且常用笔记本电脑或个人设备进行工作。今天的软件工程师必须处理前所未有的复杂系统，在云上快速构建大型系统，在单个存储库中

---

* 中文版编注：原文为 productivity，属于现代经济学概念，与"生产力""生产能力""工程效能"同义。马哲中的生产力，指的是 means of production and human labor power，更偏重于 productive force。本书中的定义更偏重于"生产力"，因而在描述中，两种说法换用，代表"工程效能"。

存储数百万（甚至数十亿）行代码，能够一天多次频繁地发布软件。他们平均使用 11.7 个沟通渠道，比如网络搜索、博客、问答网站和社交网站；1984 年，软件工程师的主要沟通渠道是电话和面对面的会议。人机交互（HCI）和计算机支持的协同工作（CSCW）社区在支持知识工作者提高生产力方面取得了重大进展，相关进展也波及到了软件工程师。此外，收集更大范围的软件开发数据使得对生产力进行精密分析成为了可能。

本次研讨会的目的是重新思考、讨论和解决软件开发中生产力的开放性问题，从中发现如何度量和培养提高软件开发人员生产力的行为。具体来说，研讨会对以下问题进行了集中讨论：

- 生产力对个人、团队和组织意味着什么？

- 生产力的维度及其影响因素？

- 衡量生产力的目的和意义何在？

- 生产力研究面临哪些重大的挑战？

这本书探讨了生产力对现代软件开发的意义，由达格斯图尔研讨会的参与者（见下图）和其他许多专家联合撰写，旨在总结和传播业界和学界对软件生产力的经验理解和真知灼见。

2017 年 3 月，"重新思考软件生产力"达格斯图尔研讨会全体成员

本书概述

这本书由五个部分组成。首先是一系列概述衡量生产力挑战的文章（"度量生产力：没有银弹"）。接下来，将生产力分解为几个组成部分（"定义生产力"）和识别生产力要素以及如何从不同的角度看待生产力（"生产力的影响因子"）。虽然生产力一般很难衡量，但我们通过一些具体的案例研究度量生产力的某些方面（"实际度量生产力"）。最后，书中通过一系列文章来探讨如何采取干预措施来提升生产力（"提高"生产力最佳实践）。

第 I 部分　度量生产力：没有银弹

传闻中某些程序员的工作效率比其他人高十倍，这是真的吗？第 1 章通过深入研究的数据来回应这个问题。然后，第 2 章解释单一的生产力指标的本质性错误。第 3 章描述一个思维实验来说明监测生产力可能产生的副作用。

第 II 部分　定义生产力

第 4 章概述过去对生产力的定义方式。第 5 章描述了一个将生产力分解为三个维度的框架（质量、速度和满意度）以及在考虑衡量生产力时如何应用该框架。第 6 章描述从特定的视角考虑生产力的重要性。第 7 章总结生产力的概念并概述相关背景下的生产力研究（知识工作）。

第 III 部分　生产力影响因子

有许多不同的因素可能会影响软件工程师的生产力。第 8 章通过一份完整的清单概述这些因素。在接下来的两章中，深入探讨其中的两个因素。第 9 章概述对称的研究。第 10 章对幸福感和生产力之间关系的研究进行讨论。第 11 章通过反面教材来思考社会因素对生产力影响的重要性。

第 IV 部分　实际度量生产力

第 12 章深入研究开发人员感知生产力的不同方式，以及对程序员自己报告生产力的量化分析。第 13 章讨论定性研究方法如何帮助人们应对生产力的挑战。第 14 章概述了使用眼动追踪器和脑电图(EEG)扫描来量化生产力的好处和局限性。第 15 章讨论了解更大团队（团队认知）中发生的事情对生产力的重要性，以及如何衡量团队认知。第 16 章概述在仪表盘中展示生产力指标的好处和挑战。

一些组织使用国际标准化组织（ISO）的标准方法进行生产力基准化分析，最后两章对这部分进行了介绍。第17章概述了一种量化方式（COSMIC）。第18章描述了一个关于组织中使用 COSMIC 基准方法的案例研究。

第 V 部分　提高生产力最佳实践

本书包含很多提高软件工程师生产力的"最佳实践"，于是我们对不同干预手段进行了介绍，提供多种视角来描述这些干预手段是什么样的。第19章描述如何改变从"提高生产力"到"减少浪费"的思维方式，使生产力的提高变得容易。第20章描述拥有清晰而成熟的流程之重要性。第21章回答了结对编程的参与度问题。

同时，也可以通过工具支持的干预措施来提高生产力。第22章描述工作中对个人生产力进行监测的好处和挑战。第23章提出一个系统来显示何时可以打断软件工程师。在第24章回顾软件开发过程中涉及的人机交互和信息获取等相关技术的发展。最后，第25章聚焦于内在，概述正念在生产力中所起的作用。

软件生产力的未来

虽然这些论文都是由软件工程所专家撰写的，但很难面面俱到。软件开发总是在变化，我们对软件生产力的知识还有很多的欠缺。在达格斯图尔研讨会上，参会者确定了几个开放性问题和重大挑战。三个最主要的挑战分别是：基于我们已具备的知识建立一个软件生产力的知识体系；改进生产力度量方式；通过干预来影响和提高软件生产力。

1. 建立软件生产力知识体系

以下是构建软件生产力知识体系的建议措施。

- 开发生产力理论框架。

- 定义类似于软件演进规律的生产力规律或规则。例如，一个更快乐的开发人员同时也是一个更有效率的开发人员；注重参与的团队效率更高。

- 检查软件开发与其他类型的知识工作中工作者的区别，研究软件开发的独有特性和共性。

- 建构生产力问题与相关研究方法的映射关系。

2. 改进生产力度量方式

以下是改进生产力度量的建议措施。

- 收集好的案例。从收集的信息中提炼出见解和指导方针。

- 开发一种能够随时进行全方位跟踪的方法，包括公司内部的详细数据、个人的生物特征数据及满意度、情绪、疲劳和动机等方面的数据。用这些数据来分析开发工作和生产力。显然，这样的方法很难（如果方法可行）获得隐私信息的授权。

3. 提高软件工程师的生产力

以下是提高软件工程师生产力的建议措施。

- 了解如何支持和提高生产力。

- 对不同公司和采取不同干预措施之后的生产力进行大量数据的比较研究。

激动人心的时代即将来临，我们希望你喜欢这本书！

致谢

本书的问世离不开许多人的努力。我们非常感谢各章的作者和 Apress 出版社，特别是格林（Todd Green）、巴尔扎诺（Jill Balzano）和麦克德莫特（Susan McDermott）等的广博而专业的工作成虹。特别感谢达格斯图尔研讨会的组织者和工作人员（网址为 https://www.dagstuhl.de，计算机科学家的聚集地），他们主办的独创性会议是这本书的起源。还要特别感谢易（Jaeheon Yi ）和费斯膝（Ambrose Feinstein），没有他们，我们不可能留出时间来研究这个课题。

关于主编

凯特琳·萨多夫斯基（Caitlin Sadowski）博士，谷歌（加州山景城总部）工程师，致力于研究和改进开发人员的工作流程。她目前担任 Chrome 度量团队的主管，帮助 Chrome 开发人员做出数据驱动的决策。她创建的 Tricorder 程序分析平台使静态分析在 Google 被广泛采用，参与创建了工程生产力研究团队，研究开发人员的时间分配以及使他们高效工作的原因。她是顶级软件工程和编程语言研讨会（ICSE、ESEC/FSE、OOPSLA 和 PLDI）的委员会成员。

她在加利福尼亚大学圣克鲁兹分校做跨学科研究（编程语言、软件工程和人机交互）并获得博士学位。她喜欢和她三岁的纳鲁（Naru，也叫 Mr. Wiggles）一起烤面包。

托马斯·齐默尔曼（Thomas Zimmermann）博士，专注于分析数据的微软研究院高级研究员。他目前致力于提高微软软件开发人员和数据科学家的工作效率。他过去主要分析来自数字化游戏、分支结构和 BUG 报告的数据。他是 *Empirical Software Engineering journal* 的联合主编，并在 *IEEE Transactions on Software Engineering*、*IEEE Software*、*Journal of Systems and Software* 和 *Journal of Software: Evolution and Process* 的编辑委员会任职。他是顶级软件工程会议（ICSE、ESEC/FSE 和 ASE）的委员会成员，也是 ACM SIGSOFT 的主席。他编过推荐系统（Springer）和软件工程中的数据科学（Morgan Kaufmann）方面的书籍。他在萨尔大学从事软件仓库挖掘工作并获得博士学位。他喜欢看电影，喜欢在零下 6 华氏度的天气踢足球，喜欢收集独角兽。

作者团队

译者团队

简 明 目 录

第 I 部分 度量生产力：没有银弹

第 II 部分 定义生产力

第 III 部分 生产力影响因子

第 IV 部分 生产力度量实践

第 V 部分　生产力最佳实践

详 细 目 录

第 1 部分 度量生产力：没有银弹

第 II 部分　定义生产力

第 IV 部分　生产力度量实践

第 V 部分　生产力最佳实践

第 I 部分　度量生产力：没有银弹

▌第 1 章　传说中的 10 倍效率程序员

Lutz Prechelt（德国柏林自由大学）/ 文　　张晨 / 译

部分明星程序员的工作效率真的是其他人的十倍吗？有确定的结果表明，这个问题的答案取决于对效率的确切定义。在本章中，我们将通过一个根据编程真实研究数据改编而成的虚拟对话来了解它。

爱丽丝："我听说有些程序员的工作效率是其他程序员的十倍。这听起来有些夸张。你有这方面的数据吗？"

鲍勃："当然。"（鲍勃是个考据癖）

一组关于工时的变异数据

鲍勃（指向图 1-1）："请看这张箱形图。每个圆圈代表一个程序员完成某个特定功能性小程序所花费的时间，每个程序都解决了相同的问题。蓝色方框代表从 25 分位数到 75 分位数的"中间部分"，黑色圆点是中位数（或 50/50 分割点），M 表示平均值及其标准差，从最小值延伸到最大值。"

© The Author(s) 2019
C. Sadowski and T. Zimmermann (eds.), *Rethinking Productivity in Software Engineering*,
https://doi.org/10.1007/978-1-4842-4221-6_1

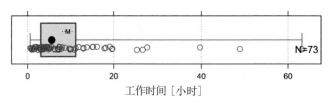

图 1-1　73 名程序员开发同一个小程序时的工时分布

爱丽丝："等一下，所有这些实现都能正常工作吗？"

鲍勃："其中有 23 个有小的缺陷，50 个完美运行。整体可靠性超过了 98%，感觉是可以接受的。"

爱丽丝："我知道了。那么从最快到最慢……各是多少小时？"

鲍勃："最快 0.6 小时，最慢 63 小时，相差达到了 105 倍。"

坚持可比性

爱丽丝："哇，令人印象深刻。这些数据真的具有可比性吗？"

鲍勃："你说的可比性具体是指……"

爱丽丝："我也不能很具体的描述。嗯，举个例子……这些程序都是用相同的语言编写的么？也许有些语言更加适合处理这个问题。他们解决的是到底什么类型的问题？"

鲍勃："是算法问题，一个搜索和编码任务。数据集覆盖了 7 种不同语言的开发人员样本，其中一些语言确实比其他语言更不适合用于执行这样的任务。"

爱丽丝："那么，我们能把它们剔除掉吗？"

鲍勃（指向图 1-2）："我们可以做得更好，因为其中 Java 组的开发人员覆盖了样本的 30%。下图是 Java 组的数据统计。"

爱丽丝："啊哈！6 个最慢的人中有 5 个还在，但许多最快的人没有了。那么，现在最快和最慢比值是多少？20 倍？"

鲍勃："3.8 到 63，所以是 17 倍。"

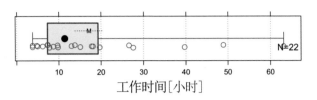

图 1-2　22 名程序员开发同一个 Java 小程序时的工时分布

清楚定义比较规则

爱丽丝（摇头）："好吧，但我想我现在明白了问题所在。我说的"比其他程序员更快"，但如果其他程序员是最差的，那么差异可能是任意大小，因为有些人可能会随意延长时间。"

鲍勃："我同意。这项数据的实验者曾经预计这对大多数人来说是半天的任务，而对速度较慢的人来说是一整天的任务，但显然，速度最慢的人反而在一周内每天都在坚持开发，真是牛人！"

爱丽丝："所以，我认为这句话的真正含义是'比普通程序员更快'。"

鲍勃："而'正常'仅仅是采用平均值么？不，我不同意这个定义。对照组会包含所有人，也包括了那些速度很快甚至是特别快的人。这时还会有 10 倍的差距吗？"

爱丽丝："说得对。那么，这句话的意思应该是'比普通的、不那么优秀的程序员更快'？"

鲍勃："很有可能。那具体是指哪些人呢？"

爱丽丝："嗯，我建议是最慢的一半。"

鲍勃："听起来很合理。我们怎么描述它，用最慢一半人工时的中间值还是平均值？"

爱丽丝："中位数。否则一个特别难以控制的很慢的人花 1 000 个小时，也可以达到 10 倍速。"

鲍勃："较慢一半人的工时中位数是 75 分位，是箱形的右边。只剩下'一些程序员'。"

爱丽丝："抱歉，我不理解你的意思。"

鲍勃："我们说的'一些程序员'是什么意思呢？'"

爱丽丝："啊，是的。应该不只是一个。"

鲍勃："取前 2% 怎样？"

爱丽丝："不，那基本脱离了实际情况。我们需要更多样本。我建议取前 10%。总的来说，程序员都是相当聪明的人，而跻身其中前 10% 的人更是精英级别的。"

鲍勃："前 10% 的中位数是 5 分位。对于 Java 开发人员，工时数据是 3.8。75 分位数是 19.3。这达到了 5 倍。"

爱丽丝："哈！我就知道！10 倍太多了。另一方面……"（爱丽丝凝视着远方）

放弃同一性：不同编程语言各显神通

鲍勃："什么？"

爱丽丝："谁决定使用哪种编程语言？"

鲍勃："每个程序员都是自己决定用什么语言。"

爱丽丝："那么，语言的适用性和所有的影响都应该是我们考虑的。坚持使用固定的语言会人为地抑制差异。让我们回到完整的数据。那么比率是多少？"

鲍勃："5 分位是 1，75 分位是 11。11 倍的比率。"

爱丽丝（摇头）："天哪。又超过了 10 倍。"

对样本组成提出疑问

爱丽丝："所以，也许我说错了。不过……这些人是谁？"

鲍勃："基本上是每个人。这是一个从学生到经验丰富专业人士的多元化组合，既有多种语言编程经验的大神，也有初学的菜鸟，有行为拖拉的人，也有处事利落的人，什么样的都有。他们唯一相似的地方就是参加实验的动机。"

爱丽丝（期待地看着）："那么，我们能把样本同质性提高一些吗？"

鲍勃（有点讽刺地笑着）："基于什么？他们的生产力？"

爱丽丝："不，我的意思是……一定有什么东西！"

（她的表情轻松起来）"我敢打赌会有大一学生和大二学生？"

鲍勃："不，都是高年级或研究生。此外，许多参加该研究的人根本没有受过正规的计算机科学训练！"

爱丽丝："那么，你是指这是个合适的人群来研究我们的问题？

鲍勃："可能吧。至少现在还不清楚更好的应该是什么样子？"

爱丽丝："所以 11 倍效率就是答案了？"

鲍勃："至少大约是这样。还有什么问题么？"

（爱丽丝苦苦思索了一阵）

不只是开发成本

爱丽丝："哎呀！"

鲍勃："哎呀什么？"

爱丽丝："我们忽略了问题的很大一部分。我们假设开发时间就是生产力的全部，因为认为生产出的程序都是一样的。但你说这是个算法问题。如果程序经常运行或者在云计算场景中有大量数据，该怎么办？那么程序的执行成本会有很大差异。高成本意味着程序的价值较低，这必须作为生产力的度量因素。"

鲍勃："好主意。"

爱丽丝："但我想你的数据有没有包含这样的信息？"

鲍勃："实际上是包含的。每个程序都有一个基准测试结果，说明程序运行时间和内存消耗。"

慢性子程序员会更细心吗

爱丽丝："太棒了！我敢打赌，一些速度较慢的程序员把时间花在了开发更快、更简洁的程序，一旦我们考虑到这一点，生产力就会变得更加平均。我们可以用散点图看一下么？ x 轴为工作时间，y 轴为内存消耗乘以运行时间。后两个因素在云计算中都会造成成比例的执行成本增加，因此这两个因素应该相乘。"

鲍勃（指向**图 1-3**）："比如这张图。注意对数轴。其中一些成本相当高。"

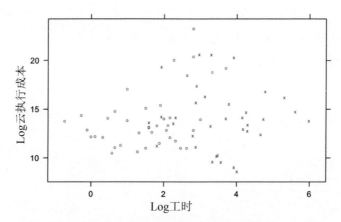

图 1-3　工时与云执行成本（内存消耗时间与运行时间）的对数

爱丽丝："哦，几乎没有任何关联。我完全没有预料到会这样。"

鲍勃："你还认为这个比率会下降吗？"

爱丽丝："不，我不会这么认为了。"

编程语言影响很大

爱丽丝："顺便问一下，图表里的符号为什么会有区别？"

鲍勃："圆圈代表程序用动态类型脚本语言写；叉是静态类型的程序。"

爱丽丝："写脚本的速度往往要快得多，所以选择脚本语言是很聪明的举动。"

鲍勃："是的。那是因为脚本的长度只有一半。这就是导致与纯 Java 组相比较高的原因。"

爱丽丝："有趣。不过，脚本在执行成本上也有不错的竞争力。"

重新审视生产力的定义

爱丽丝："但是回到我们的问题上来。让我们总结这个执行成本的想法：生产力是每一份成本所产生的价值。成本是我们的工作时间。价值随着成本的上升而下降；因此，价值是成本的倒数。你能展示一下吗？"

鲍勃（指向图 1-4）："当然。请看下图。"

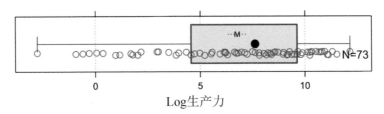

图 1-4　73 名人员开发同一个小程序的"生产力"

鲍勃："由于指标很奇特，所以不引入对数的话，我们很难直观地理解。数值越大，效率越高，根据对数规则，最快的 Top10 中位数，最慢 50% 的中位数，95 分位数，为 2200，25 分位数，即左侧箱边，为 23.6，计算可得比率为 93 倍。我想您应该习惯这样一个事实，即存在 10 倍的差异。"

真实工作场景中会是这样的吗

爱丽丝："也许吧。另一方面，我现在认识到，即使我们对这个问题的含义有了精辟的理解，提出的问题却是错误的。"

鲍勃："为什么？"

爱丽丝："我想到两个原因。首先，在真实的场景中，有重大影响的任务不会被分配给能力一般的开发人员。很少有人会如此短视。让我们忽略那较慢的一半人员。"

鲍勃："不是全部人的第 25 个百分位数，而是生产力较高那一半人的第 25 个百分位数？"

爱丽丝："嗯，没人能提前知道，但为了简单起见，先做这样的假设。"

鲍勃："那就是 62.5 的分位数了。是 385，比率是 6 倍。"

爱丽丝："啊啊啊，这听起来更合理。"

鲍勃："我很乐意帮忙。"

爱丽丝："但还不止这些。其次，如果构建一个执行成本非常高的解决方案，你将去优化它。如果最初的开发人员没有足够的能力做到这一点，就会有其他人来帮他。或者至少应该。生产力是关于团队，真的，不是个人！"

回顾：那又怎样

（第二天，鲍勃在厨房碰到爱丽丝）

鲍勃："昨天的讨论很有意思。但是你得出了哪些关键的信息？"

爱丽丝："我对是否有一些程序员真的能达到别人 10 倍效率的问题的回答。"

鲍勃："是的。"

爱丽丝："我的回答是，这是一个误导性的问题。其他生产力事实更有用。"

鲍勃："哪些是与生产力相关的事实呢？"

爱丽丝："首先，正如数据显示的那样，生产力的低端真的是可以相当得低。所以，尽量不要让这样的人加入你的团队。其次，生产力很大程度上取决于质量。在您的特定数据集中并没有太多关于这方面的信息，但是在现实世界中，我坚信不谈质量只谈工作量是没有意义的。然后，我个人的结论是把关键的任务分配给最好的工程师，不管他们适合什么样的非关键任务。最后，虽然数据没有太多关于这方面的内容，但我坚信随着时间的推移，产品会得到改进。生产力差异是客观现实，但如果你在重要的方面进行循序渐进的投入，可以降低这些差异所带来的损失。"

结束。

关键思想

以下是本章的主要思想。

- 生产力的低端可能非常低。
- 质量也很重要，不仅仅是原始开发速度。
- 将关键任务分配给最好的工程师。
- 团队中尽量不要有底子太差的工程师。

参考文献

[1] Lutz Prechelt. "An empirical comparison of C, C++, Java, Perl, Python, Rexx, and Tcl for a search/string-processing program." Technical Report 2000-5, 34 pages, Universität Karlsruhe, Fakultät für Informatik, March 2000. http://page.mi.fu-berlin.de/ prechelt/Biblio/jccpprtTR.pdf

[2] Lutz Prechelt. "An empirical comparison of seven programming languages." *IEEE Computer* 33(10):23-29, October 2000.

[3] Lutz Prechelt. http://page.mi.fu-berlin.de/prechelt/ packages/jccpprtTR.csv

■ 第2章　单一指标无法充分体现生产力

Ciera Jaspan（谷歌美国）　Caitlin Sadowski（谷歌美国）/ 文　　张韬 / 译

> 用多少代码行来度量软件工程师的生产力，无异于用飞机的重量来度
> 量它的生产进度。
>
> ——比尔·盖茨（Bill Gates）
>
> 软件工程的目的是控制复杂性，而不是制造复杂性。
>
> ——帕梅拉·扎韦（Pamela Zave）

希望度量开发人员的生产力并不新鲜。由于通常希望写更多的代码，很多组织都尝试
过基于代码行（LOC）来度量生产力。例如，1982 年初，Apple Lisa 计算机软件开
发部门决定开始跟踪每个开发人员添加的 LOC。某一周，图形用户界面设计师阿金森
（Bill Atkinson）优化了 QuickDraw* 的区域计算功能，并删除了大约 2 000 代码。

---

* 中文版编注：麦金塔的位图库，可以用于 MacPaint 和其他软件。它包含 30 个文件，共计 17
101 行代码，全部用汇编语言写成。QuickDraw 源码下载及幕后的故事可访问 zhuanlan.zhihu.com/
p/342737341。

© The Author(s) 2019
C. Sadowski and T. Zimmermann (eds.), *Rethinking Productivity in Software Engineering*,
https://doi.org/10.1007/978-1-4842-4221-6_2

管理层再也不要求他提供 LOC 了 [3]。

用 LOC 来度量工程师的生产力显然令人担忧，但互联网上到处都是类似的轶事 [7]。组织一直在寻找更好、更简单的方法 [6] 来度量开发人员的生产力。我们认为，没有任何指标可以充分体现开发人员生产力。相反，我们鼓励为满足特定目标量身定制一套指标。

度量个人绩效存在哪些问题

跟踪个人绩效会产生士气问题，这可能会降低整体生产力。研究表明，开发人员不喜欢将指标集中于确定单个工程师的生产力 [5]，这也是我们在谷歌的经验。开发人员担心隐私问题，担心任何度量都可能被曲解，特别是那些对任何度量的内在警告缺乏技术知识的管理者。如果生产力指标直接影响个人绩效等级，那么会影响开发人员的薪酬以及是否能保住现有的工作，这些都是错误使用指标的一系列严重后果。这些高风险进一步刺激了对指标的操纵，例如，通过提交不必要的代码来提高 LOC 评级。

没有必要度量生产力来识别低绩效的员工，根据我们的经验，管理者（和同事）通常已经知道哪些人绩效低。在这种情况下，标准只用于验证一个既有观念，即为什么个人绩效不佳，因此首先使用这些指标来识别员工并不必要，这样做只会让绩效好的员工士气低落。

为什么要度量开发人员的生产力

如前所述，之所以要度量开发人员的生产力一种可能的动机是确定高 / 低绩效的个人和团队。但是，公司想要度量工程师的生产力可能有很多原因。除了来识别高 / 低绩效员工，其他动机还包括揭示公司的全球化趋势、评估不同工具或者实践的有效性、对旨在提高生产力的干预措施进行比较并突出哪些低效的环节还可以提升生产力。

虽然上述任何一个场景都有度量生产力的目标，但度量生产力的指标、总结和报告却不同。例如，识别高绩效和低绩效个人意味着在个人层面汇总指标，而进行比较则意味着在一组开发人员之间进行汇总。更重要的是，这些场景使用的生产力指标类型不同。有很多不同的利益相关者，他们可能更想基于不同目标来度量生产力。如果目标是识别低绩效员工或揭示公司的全球化趋势，对指标感兴趣的利益相关者就会寻找能够度量任务完成情况的指标。如果目标是针对特定干预措施进行比较或者突出特定流程中的低效环节，就选择合适的指标来度量具体的进展情况或者度量调研过程。个人可以采取的行动不同于团队可以采取的行动。

单一生产力指标存在哪些本质上的错误

任何单一生产力指标本质上都是有问题的。生产力是一个宽泛的概念，无法统一为一个指标，尝试进行这种统一化是一种挑战，而诸多干扰因素进一步加剧了这种挑战。

概念宽泛

生产力涉及多个方面，是一个宽泛的概念。生产力指标不能充分体现我们要度量的潜在行为或活动，容易被滥用。

创建指标时，所考察的总时间和输出只是开发人员工作的一小部分。除了写代码，开发人员还要做其他各种开发任务，包括为其他开发人员提供指导和评审代码，设计系统和功能，管理软件系统的发布和配置。开发人员还各种团队事务，例如指导或协调，这些任务可能对整个团队或组织有重大的影响。

即便用代码贡献来度量开发人员的生产力，量化这些贡献也会导致对代码的关键要素视而不见，例如质量或可维护性。这些要素不容易度量，如何度量代码的可读性、质量、可理解性、复杂性或可维护性，仍然是个未解决的课题 [2,4]。

扁平化 / 组合有挑战

此外，将所有这些指标定量扁平化为一个指标，会降低其适用性并带来风险，降低指标的有效性。一个很少有高质量代码贡献的开发人员是否比一个有很多贡献但有一些质量问题的开发人员更有生产力？如果工程师有一些质量问题，留到以后再解决，是否会有所不同？至于哪个生产力更高，尚无定论，因为这取决于项目具体如何权衡。

指标扁平化或组合的另一个问题是，扁平化指标可能没有直观的意义，因此可能不可信或是被误解。例如，如果把多种因素（如圈复杂度 *、完成时间、测试覆盖率和规模）压缩为一个数字，来代表补丁对生产力的影响，并不能直观说明为什么一个补丁得 24 分而另一个补丁得 37 分。此外，单个分数不能直接有效，因为各种相互关联的因素都影响该分数。

干扰因素

即使我们能够提出一个可以全面涵盖生产力某些方面的单一指标，但干扰因素也会使该指标变得毫无意义。以对比编程语言为例。由于有很多干扰因素，度量语言的生产力是很困难的。这些因素包括语言本身、工具、库、文化、项目类型以及被这些语言吸引的开发人员类型。

再举一个例子，一个谷歌团队希望证明高测试覆盖率可以提高代码质量。为此，他们比较了不同团队的测试覆盖率与提交缺陷的数量，并没有发现相关性。难道代码质量真的没有改善吗？在这种情况下，文化成分可能会成为干扰。具有较高测试覆盖率的团队可能还会提交更多的缺陷报告。测试覆盖率较低的项目可能是原型，或者只是团队无法准确跟踪缺陷。

团队之间固有的复杂性差异也可能会造成干扰。例如，两个团队的平均补丁完成时间可能有所不同。一种可能的解释是这些团队正在从事不同的项目。他们提交的补丁的大小或整体复杂性可能会因项目而异。

甚至可能存在度量不能反映的外部因素。例如，一个团队提交的代码行看起来少于另一个团队。造成这种差异的原因有很多，但这并不意味着团队的生产力较低。也许团队正在采取更多的措施来提高质量，从而减少以后的缺陷；或者团队已经聘请了几名新员工，并正在扩招。干扰因素又一次在起作用。因为我们无法得知这些干扰因素的

---

* 中文版编注：又称"案例复杂度"或"循环复杂度"，是由老托马斯·J. 麦凯布在 1976 年提出的，用来表示程序的复杂度，符号表达为 VG 或 M，用于表示源代码中线性独立路径的个数。有关前端中的圈复杂度，可以访问 DevUI 团队的文章，juejin.im/post/684490416/809580045。

来源，所以无法将它们从度量生产力中剥离。

在谷歌，我们是怎么做的

尽管没有普遍适用于任何情况的方法来度量开发人员的生产力的，但仍然可以对软件工程的工作流程进行数据驱动的改进。给定一个特定的研究问题，可以针对特定的上下文找出具体注意事项。

在谷歌，我们与团队合作，弄清楚如何利用指标来帮助团队制定数据驱动型决策。这个过程从澄清研究问题和动机开始。然后，我们针对这些特定问题提出自定义指标。这种思维类似于目标–问题度量范式 [1]。我们通过定性研究（包括调查和访谈等技术）来验证这些指标，以确保能够度量原始目标。

例如，谷歌的一个团队从事分布式版本控制，希望展示可以使用多个较小的补丁程序可以加快评审过程（可能是因为更容易评审）。在调查并否决了每周更改次数或提交的 LOC 数量相关无意义的指标后，该团队调查了开发人员提交代码所需的时间，该时间取决于代码变更的规模。因为能够表明提交时间有所改善。

我们可以用同样的方法促进对工具的改进，估算开发人员的当前成本，然后将其纳入投资回报（ROI）的计算。例如，我们已经确定由于等待构建（或由于构建导致不必要的上下文切换）而浪费了多少时间。在对比了加快构建的成本（通过人力或机器资源）之后，我们为不同的构建改进提供了预估 ROI。

我们经常看到这样的团队，要么研究的问题没有对应的指标，要么指标与研究的问题不匹配。例如，我们与一个想要度量代码库模块化的团队进行了交谈。经过一番讨论，我们确定他们想了解在干预之后开发人员是否能够更快开发软件，因此需要考虑度量速度的方法。团队还需要仔细考虑进行干预的时间窗口和干预的范围（例如，个人、团队和大型组织）以及被度量的个人采样标准。

定性分析有助于理解度量标准实际在度量什么，数据分析和交叉验证可以确保结果是合理的。例如，通过检查单个开发人员的日志事件分布，我们发现一些日志显示开发人员在网页上进行了数万次操作，这些操作实际上是 Chrome 扩展程序的结果。同样，我们在一次采访中发现开发人员有充分的理由去做我们认为是反模式的事情。

我们的方法之所以有效，是因为我们明确放弃用单一指标来度量工程效能。相反，我们将研究的问题具体描述出来，再寻求指标来精确解决当前的问题。这使我们能够针对特定目标而不是模糊的生产力概念来验证每个单独的指标。在实践中，我们发现不同的生产力问题可以重用一些度量指标。尽管这种方法的扩展速度不如应用单个生产力指标那么快，但它可以在提供精确、可靠的数据，同时还有足够的可扩展性，在进行投资决策时，我们可以信赖这些数据。

关键思想

以下是本章的主要思想。

- 对于开发人员来说，没有单一的生产力指标。
- 相反，应专注于针对特定问题自定义一套指标。

参考文献

[1] Basili, V., Caldiera, G., and H. Dieter Rombach. (1994). The goal question metric approach. *Encyclopedia of Software Engineering 2*, 528-532.

[2] Buse, R. P., & Weimer, W. R. (2010). Learning a metric for code readability. *IEEE Transactions on Software Engineering*, 36(4), 546-558.

[3] Hertzfeld, A. -2000 Lines Of Code. https://www.folklore.org/StoryView.py?project=Macintosh&story=Negative_2000_Lines_Of_Code.txt.

[4] Shin, Y., Meneely, A., Williams, L., & Osborne, J. A. (2011). Evaluating complexity, code churn, and developer activity metrics as indicators of software vulnerabilities. *IEEE Transactions on Software Engineering*, 37(6), 772-787.

[5] Treude, C., Figueira Filho, F., & Kulesza, U. (2015). Summarizing and measuring development activity. *In Proceedings of Foundations of Software Engineering* (FSE), 625-636. ACM.

[6] Thompson, B. Impact: a better way to measure codebase change. https://blog.gitprime.com/impact-a-better-way-tomeasure-codebase-change/.

[7] Y Combinator. Thread on-2000 LOC Story. https://news.ycombinator.com/item?id=7516671.

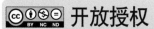 **开放授权**

■ 第3章 为什么不应该度量生产力

Andrew J. Ko（美国华盛顿大学）/文　李苗/译

软件更新的速度每年都在加快。市场瞬息万变，发布越来越频繁，语言、API和平台也在极速发展。所以重视生产力完全合理，无论是想跟上这些变化的开发人员，还是需要进行竞争的管理者和组织。此外，更快地改进软件给人们带来了更大的希望：以更少的精力完成更多的工作，可能意味着每个人的生活质量都能得到提高。

但是，在追求生产力时，尝试对其进行度量可能会带来意想不到的后果。

- 度量生产力会扭曲激励措施，尤其是度量不当的话。
- 度量结果的粗略推论可能会导致更糟糕的管理决策，而不是更好的决策。

因为前面这些糟糕的后果我们就放弃尝试进行度量吗？为了找出答案，我们来做个思维实验。假想象一个您曾经工作或现在正在工作的组织。让我们考虑一下，如果投入大量成本尝试度量生产力，会发生什么？在我们进行思维实验的过程中，请根据自己的经验来验证自己的论点。

© The Author(s) 2019
C. Sadowski and T. Zimmermann (eds.), *Rethinking Productivity in Software Engineering*,
https://doi.org/10.1007/978-1-4842-4221-6_3

意外后果

第一个意料之外的后果是试图使用单一的生产力度量标准。比如，用发布时间度量生产力。单个开发人员提交更快，意味着团队评审更快，最终意味着交付得更快，对吗？但是，除非组织还度量了交付的结果，包括正面的结果（如采用率、客户增长和销售增长）或负面的结果（如软件故障或对品牌的损害），否则就存在以牺牲组织最终目标为代价来优化中间结果的风险。

例如，在软件更新的竞速大赛中，一个团队可能会比其他团队发布更多的缺陷，或者相比长周期项目引入更多的技术债务。大多数其他单一指标都有相同的问题。如果组织试图度量这些单一指标，如计算关闭了多少缺陷、写了多少行代码、完成了多少用户故事、满足了多少需求甚至获客多少，优化其中任何一个指标几乎总是要以牺牲其他为代价。

这里，您可能已经有些感同身受了。我敢打赌，如果是在这样的组织工作，感受会更明显，因为可能每天都会经历那些意想不到的后果，能够深刻感受到官方度量生产力的指标和其他关联指标之间的冲突。所以，让我们把思维实验带向一个更激进的方向。

想象一下，组织有可能度量生产力的所有维度。毕竟，软件有大量的质量维度是多余的，软件开发方法也是如此。也许度量所有这些维度可以超过单一的标准。暂且不说我们不知道如何度量这些维度，想象一个未来，在这个未来里，我们能够准确地观察和度量工作的每个维度。一个全面的、多维度的生产力度量标准会不会更好呢？

这肯定会使观察团队的活动更容易。开发人员和管理人员可以整体上了解每一个开发人员工作的方方面面，能够观察到进度的每一个方面或进度的不足。它将提供一个完美的开发人员活动模型。

但是，这种对软件开发工作无所不知的观点仍然会带来显著的意外后果。如果这种监控是在团队或组织级别由管理者来完成，那么被监控这件事情如何改变开发人员的行为？实际上可能导致每个人的生产力会因为自己的每个动作都受监控而降低。即使这种监控给生产力带来了净增长，但也可能导致开发人员离职，跳槽到管理更宽松的组织。

解释生产力

针对前面的思维实验，让我们设想一下，您和组织中的每个开发人员都完全接受了对生产力的各种监控。管理者实际如何处理这些数据来提高生产 lt ？

- 他们可以利用这些数据对单个开发人员和团队的生产力进行排名，此以来决定人员的晋升。

- 如果数据足够实时，他们可能用来干预生产力下降的团队。

- 有了足够的细节，数据甚至可以揭示哪些实践和工具与提高生产力相关，使组织能够做出相 应的改变。

这种丰富的实时数据流可以使组织能够微调活动以更快实现组织目标。

不幸的是，实现这个愿景有一个隐藏的要求。为了让管理者真正从数据走向干预，需要做出创造性的飞跃：管理者必须用所有指标、相关性和模型来最终推断出一个理论来解释他们观察到的生产力。这可能是相当有挑战，而提出一个错误的理论意味着基于该理论的任何干预可能都无效，甚至可能是有害的。

即使我们假设每个管理者都能够创造性地严格推断出团队生产力的解释，并有效地验证这些理论，管理者也需要更丰富的因果关系数据。否则，他们将盲目地验证干预措施，不知道改进是因为他们的干预措施有效还是由于验证时的特定时间和背景。这些因果关系数据从何而来？

一个来源是实验。但是，设计实验需要实验组和对照组相似或足够随机来控制个体差异。想象一下，尝试创建两个几乎在所有方面都相同的团队，除了他们使用的过程或工具，并随机化其他所有因素。作为一名软件工程科学家，我尝试过，不仅非常耗时，也非常昂贵，而且，即使在实验室，几乎也总是不可能做到的，更不用说在工作场所了。

另一个来源是定性数据。例如，开发人员可以报告他们对团队生产力的主观感觉。每一个开发人员都可以每周写一篇叙述性文章来说明是什么减缓了他们的进度，强调所有的个人、团队和组织因素，他们认为这些因素影响着我们全知视野中度量的所有精细量化指标。这将有助于支持或驳斥从生产力数据中推断出的任何理论，甚至可能从开发人员那里得到一些解当前问题的建议。

这很理想，对吧？如果将来自开发人员的整体定性数据与关于生产力的整体定量数据结合起来，那么我们将有一个惊人的丰富而精确的视角业了解是什么导致或阻止了组织达到预期的生产力水平。什么对提升开发人员的生产力更有价值？

应对变化

照例，这个思维实验有一个致命的缺陷。如果开发人员、团队和组织是相对稳定的，那么这样一个丰富的生产力模型将非常强大。总是有新的开发人员加入团队，团队是动态的。或者团队解散并改革，组织决定开拓一个新的市场，退出原来的市场。所有这些变化都意味着一个模型可能不断变化，这意味着无论模型可能提出什么样的政策建议，都可能需要根据这些外部力量而再次改变。甚至可能通过应用原有的模型来提高生产力，从而加快新的生产力出台的步伐。在这种情况下，将不得不出台新的政策，在不断加速的工作体系中制造出更多的混乱。

这个思维实验的最后一个缺陷是，最终，所有的生产力改变都将来自于开发人员和团队中其他人行为的改变。根据他们的生产力目标，他们必须更快写出更好、更少的代码，更好地沟通，做出更明智的决定，等等。即使有一个完美的生产力模型、对组织目标有一个充分的理解以及有一个完善的提高生产力的政策，开发人员也必须学习新的技能，改进编程、沟通、协调和协作的方式来提升生产力。如果你有过改变开发人员或团队行为的经验，就知道改变个人和团队的行为有多难。此外，一旦一个团队改变了自己的行为，我们就必须重新理解造成改变的原因。

这一思维实验表明，无论人们如何精确或精细地度量生产力，实现生产力提高的最终瓶颈是行为的改变。如果理想中的生产力依赖于开发人员对自身生产力的洞察来识别个人改变的机会，那么为什么不首先关注开发人员，然后与其合作，识别提高生产力的机会（无论团队和组织的目标是什么？这将比试图准确、全面、大规模地度量生产力要经济得多。同时还可以进一步甄别最终负责实现生产力的人和专业技能。专注于开发人员对生产力的感受，也为生产力所有难以观察的间接因素留出了解释空间，包括开发人员的动机、参与度、幸福感、信任和对工作的态度等因素。这些因素可能比任何其他因素都更重要，可以使开发人员在单位时间内达到最高的工作效率。

管理者负责度量

当然，所有这些探索开发人员感受的个人和情感因素只是谈论良好管理的花哨方式。伟大的管理者通过尊重员工的人性和了解他们的工作方式来持续不断地构建和完善工程效能的丰富模型，并利用这些模型来确定改进的机会。最好的管理者通过人际沟通、解释和指导来度量生产力。度量生产力的整个想法实际上只是从客观的角度尝试考量驱动软件开发工作的主观因素。

那么，这对提高生产力意味着什么呢？我认为，与其度量生产力，不如投资于物色、招聘和培养管理者，他们可以将生产力纳入开发人员日常工作考量中。如果组织培养出优秀的管理者，并且能够相信他们会不断想方设法提高生产力，那么即使我们不能客观地度量，开发人员的工程效能也会更高。

当然，培养良好的管理能力也可能包括度量。人们可以把度量看作是一种助力自我反思的工具，帮助管理者以更结构化的方式反思过程。这种结构可能有助于缺乏经验的管理者培养出更高级的管理观察技能，而不仅仅是看这些指标的数字。更高级的管理者可以进一步运用直觉，在与团队合作时收集和洞察，并在团队周围环境发生变化时动态变更团队。管理的这一愿景最终将度量定义为一个小工具，集成到一个更大的工具箱中，用于组织和协调软件开发工作。

现在，我们需要一个良好的管理体系。

关键思想

以下是本章的主要思想。

- 提高生产力需要说明影响生产力的因素，但这需要对团队的行为进行定性分析。
- 团队总是在变，使得通过数据来洞察团队行为变得更加困难。

- 团队管理者最适合通过与团队的互动来获得定性的见解。

第Ⅱ部分 定义生产力

▌第4章 定义软件工程中的生产力

Stefan Wagner（德国斯图加特大学）

Florian Deissenboeck（德国 CQSE GmbH 公司 *）

/ 文　　高雅楠 / 译

成功的软件系统需要不断地优化升级和适应不断变化的需求，因此，软件系统会不断在变。软件演化是软件工程中的术语，是指起初进行软件研发及然后反复更新的过程。最小化成本和最大化价值是软件升级的本质目标。对许多组织来说，除了节省成本，实施软件变更所需的时间在很大程度上决定了它们是否能够适应不断变化的市场和实施创新产品和服务。目前随着对大型软件系统的依赖性越来越强，在大多数企业和组织中，及时、经济地开发和更新现有软件的能力至关重要。

纵观各学科和领域，我们通常称产出投入比为生产力。在软件开发中，投入方的成本相对容易度量。挑战在于找到一种合理的方法来定义输出，因为它涉及软件的产量和质量。到目前为止，软件工程界还无法对软件升级中的生产力及其影响因素的重要性有一个透彻的了解，更不用说分析、度量、比较和提高生产力的普遍有效的方法和工具了。也许，最困难的问题是影响生产力有许多因素，而且这些因素在每个项目中都

---

* 中文版编注：CQSE GmbH 是一家专业的油田设备制造商、石油与天然气售后部件和服务提供商。

© The Author(s) 2019

C. Sadowski and T. Zimmermann (eds.), *Rethinking Productivity in Software Engineering*,

https://doi.org/10.1007/978-1-4842-4221-6_4

是不同的，这使得横向对比各个因素变得非常困难。更复杂的是，缺少一个既定的、明确界定的术语来作为进一步讨论的基础。

因此，消除对生产力重要术语的歧义，将成为软件工程迈向更成熟的生产力管理迈出的第一个重要步骤。为此，我们可以借鉴其他研究领域在这方面的做法，将重点放在知识工作上。我们经常讨论与生产力相关的术语，即效率、效能、绩效和利润率，并解释它们之间的相互依赖性。作为第一个建设性的步骤，我们提出了一个明确的和完整统一的术语。

为了让这些术语更加符合软件工程，我们从软件生产力的历史开始说起。

软件生产力简史

软件开发生产力有很多定，人们已经讨论了 40 多年义。然而，从一开始，这种讨论通常基于该领域著名学者和实践者提出的轶事证据。例如，布鲁克斯（Brooks）在 1975 年强调了人相关因素对软件生产力的重要性 [3]，DeMarco and Lister[4] 以及 Glass[5] 最近也进一步支持了这一观点。1968 年 [7, 11] 的第一次实验中说明了生产力的变化及其原因。

20 世纪 70 年代末和 80 年代初，首次尝试以更全面的方式解决软件开发生产力问题。由于度量生产力需要对交付产品的大小规模有一个良好的定义，因此在定义大小规模的度量方面花了大量的精力，而这些度量又不受限于对经典代码行（LOC）的度量。1979 年，阿尔布瑞切特（Albrecht）引入了功能点（function point）来表示信息系统的功能数量，而不是代码多少来代表功能数量。基于系统说明书而不是基于系统的实现，功能点的目的是支持早期的开发工作估算，并克服度量 LOC 固有的限制，例如不同语言之间的可比性。功能点为生产力的度量提供了基础，如每周交付多少功能点或者每个功能点需要多少工时。

同时，鲍伊姆（Boehm）开发了他的成本估算模型 COCOMO（现在已为二代 COCOMO[11]），这是当今标准软件工程知识的一部分。虽然 COCOMO 不是直接基于功能点而是基于 LOC，但它通过包含一些生产力因素（如软件的可靠性或分析师的能力）来阐述开发生产力的问题。鲍伊姆（Boehm）还认识到重用（一种在制造业中未知和少有的现象）对于软件生产力的重要性，并引入了一个单独的因素。

20 世纪 80 年代，人们通过显著扩充当时贫乏的经验知识库来加深对软件生产力的理解。最值得注意的是，琼斯（Jones）通过系统地提供和整合大量与生产力分析相关的数据，对此做出了贡献。在他的书中，他讨论了生产力的各种因素，并给出了这些因素的工业平均值，它们可能构成生产力评估的基础。然而，他的一个见解 [6] 是，针对每个项目来说，最有影响的因素可能不同。

在本世纪初，一些研究人员提出了经济驱动或基于价值的软件工程作为未来软件工程研究的重要范式。例如，Boehm and Huang [2] 指出，跟踪软件项目中的成本是重要的，而跟踪实际交付取得的价值，即对客户的价值，同样重要。他们解释说，开发软件并保持更新，对客户产生价值是非常重要的。通过这样做，他们打开了一个新的视角来看软件生产力，超越了开发成本本身，并且明确地包括了为客户提供的价值。

在本世纪初和最近几年，敏捷软件开发对许多软件开发组织产生了极大的影响。敏捷开发的核心原则之一是创造客户价值。因此，敏捷开发的许多方面都致力于产生客户价值。从持续集成到持续交付的演进 [13] 就是一个例子，也就是说，不是在项目或者迭代的结尾向客户交付价值，而是过程中持续向客户交付价值。敏捷开发引入的生产力相关的另一个要素是故事点，即每个迭代完成的故事点来估算迭代的速率。然而，敏捷开发的许多支持者建议不要用这种迭代速率度量来度量生产力，因为它会导致不必要的影响。例如，Jeffreys [15] 指出："速率很容易被误用，不推荐。"影响可能包括故事点的作用被夸大，故事点原本用来识别大故事，使开发人员关注于开发用故事点少的故事。因此，敏捷软件开发没有明确的生产力定义，也没有度量生产力的解决方案。

一般文献中的术语

我们讨论的基础是唐恩（Tangen）的 [12]3P 模型，它是知识工作研究中一个成熟的模型，用于区分生产力、利润率和绩效等与编程相关的生产力。关于生产力，维基百科的词条见 https://en.Wikipedia.org/wiki/programming_productivity，特别是在软件工程中，效率被用来代替生产力；我们也讨论了它，并将其与效能区分开来。最后，遵循 Drucker[8]，我们简要讨论质量对生产力的影响。我们将在下面的小节中分别讨论每一个术语，最后进行综述。

生产力

虽然人们对生产力（productivity）*的定义还没有达成共识，但基本上都认同生产力是指投入产出比。

$$生产力 = \frac{产出}{投入}$$

但是纵观各学科，对于输入和输出，可以找到不同的概念和不同的度量单位。制造业在单位时间内生产的单位数量的交付物和生产中消耗的单位数量的物资之间使用了一种直接的关系。非制造业使用单位人时或类似的单位来比较投入和产出。

只要考虑到传统的生产过程，生产力的度量就很简单：交付了多少满足特定质量的产品，交付的这些产品消耗了多少成本？对于知识工作来说，生产力要复杂得多。我们如何度量作家、科学家或工程师的生产力？由于"知识工作"（与手工制造业工作相反，参见"我们可以从知识工作者的生产力研究中学到什么"[8]）的重要性日益增加，许多研究人员试图开发可应用于非生产环境的生产力度量方法。人们普遍认为，知识工作的性质与手工制造业的工作有着根本的不同，因此，除了简单的投入/产出比之外，还需要考虑其他因素，例如质量、及时性、自主性、项目的成功、客户的满意度和创新。然而，这两个学科的研究人员还未能建立一个广泛适用的和公认的生产力度量方法[9]。

利润率

利润率（p）和生产力是紧密联系在一起的，事实上，它们常常混为一谈。然而，利润率通常被定义为收入与成本的比率。

---

* 中文版编注：对生产力和利润力的说明如下，原文分别为 productivity 和 profitability，本意为生产能力和盈利能力，也可以说是生产率和利润率，在非特别指明的情况下，生产率都特别指代生产效率和产出能力及生产力。

$$利润率 = \frac{收入}{成本}$$

影响利润率的因素数量甚至大于影响生产力的因素数量。特别是，利润率可以在不改变生产力的情况下改变，例如，由于成本或价格上涨等外部条件。

绩效

绩效这个术语甚至比生产力和利润率更广泛，涵盖了影响公司成功的众多因素。因此，众所周知的绩效控制工具，如平衡计分卡[14]，确实将生产力作为它的一个中心因素，但并非唯一因素。其他相关因素包括例如客户或干系人对公司的看法。

效率和效能

效率（efficiency）和效能（effectiveness）这两个术语常常混在一起，造成进一步的混淆；此外，效率常常与生产力混淆在一起。效率和效能之间的区别通常被非正式地解释为"效率是以正确的方式做事，而效能则是做正确的事"，虽然还有许多其他定义[12]，但普遍认为效率是指资源的利用，主要关系到投入。效能主要是指产出的有用性和适当性，因为它对客户有着直接的影响。

对质量的影响

针对知识工作者生产力的评价，Drucker[8]强调了质量的重要性。因此，知识工作的生产力首先要取得的质量不是最低水平的质量，如果不能取得最高水平的质量，至少要取得最优的质量。只有基于最优质量的基础，人们才能问："工作量是多少？"然而，大多数非软件学科的文献并没有明确讨论质量在生产力产出中的作用[8]。非制造学科的最新研究更加侧重于知识工作、办公室或白领工作，因此，对质量在生产力方面的讨论越来越多[4, 9, 10]。尽管如此，将质量纳入生产力的度量，似乎还不具备可操作性。

软件生产力的综合定义

如前所述，为了度量软件生产力，我们需要度量软件项目的投入和产出。投入是为了软件开发和更新优化而付出的努力。产出是软件对用户或客户的价值。价值不能总是由软件的市场价值来定义，因为有些软件通常是由组织内部开发和使用的，并不具有市场价值。此外，市场价值可能会受到利润率或业绩的影响，例如货币估值或市场竞争。

因此，我们提出了一个基于目的的软件价值定义。给定一个目标（一个业务目标或一个应用程序的愿景），我们会问，软件在功能性和非功能性需求方面的目标实现情况如何？这个问题的答案取决于软件在功能性和非功能性方面的质量。

在基于目的观点的基础上，我们构建了一个生产力相关术语的综合摘要。如图 4-1 所示，从目的出发，我们得到了一个理想的功能和质量以及为了正确实现目的而输入的理想投入。理想的功能意味着实现目标的最优功能集（没有遗漏重要功能，也没有过多实现功能）。同样，理想的质量是以最优的方式满足各种质量目标。例如，应用程序可以很容易扩容到所需的并行用户数，但没有必要超过这个并行用户数。理想的投入是指人们接受好的培训后为了解决问题（即产出理想的功能和质量），而在软件开发环境中工作的工时数。对理想的功能和质量与实际交付的功能和质量进行比较，说明软件开发活动的效能；将理想的投入与实际的投入进行比较，说明软件开发活动的效率。两者对生产力都有影响。

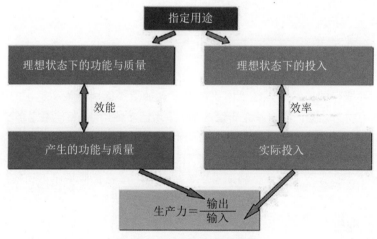

图 4-1　基于目的的效能和效率

我们把它嵌入唐恩（Tangen）[12] 的 3P 模型中，从而形成一个 PE 模型，这个模型说明了目标、功能、质量和投入是如何与效能、效率、生产力、利润率和绩效相关的（图 4-2）。最初的 Triple-P 模型已经提出了利润率包含生产力的想法，但增加了通货膨胀和定价等其他因素。反过来，绩效包含利润率并增加了客户感知等因素。

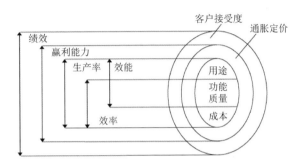

图 4-2　软件演化生产力的 PE 模型

我们在 PE 模型中加入了一种表达，即生产力是效能和效率的结合：一个团队只有同时具备了效能和效率，才可以算得上是一个有生产力的团队！如果一个软件团队没有构建客户所需的功能特性，或者在构建软件时花了不必要的精力投入，我们就不认为它是有生产力的团队。为了提高效能，我们需要考虑软件的目的、功能和质量。为了提高效率，我们进一步考虑成本。因此，据 PE 模型所述，本章前面所讨论的所有术语都有相关性。

结语

在我们能够清楚理解软件工程中的生产力之前，还有很多工作要做。获取哪些知识工作是有益的呢？非常复杂，这种复杂性为明确度量这类知识型工作的生产力带来一定的困难。我们希望自己对相关术语的分类以及由此产生的 PE 模型有助于避免混淆，更突出重点。

速率可以不同于人力的投入，因为它专注于向客户交付功能的速度。更快交付可能需要更多的人力投入。我们也没有明确地整合工作满意度，因为它不是 Triple-P 模型的一部分。这是令人惊讶的，因为事后看来，我们期望着工作满意度能在知识型工作中发挥重要的作用。因此，我们相信，结合我们的 PE 模型和第 5 章介绍的生产力框架，可以对术语进行澄清并能够涵盖最重要的几个维度。我们对相关术语的讨论补充了第 5 章中的生产力框架。该框架关注速率、质量和满意度的三个维度。这两章都涉及质量的讨论，但我们还没有将速率纳入其中。

第 7 章将介绍对知识型工作的研究，读者可以从中了解如何度量生产力以及了解哪些事情并不是真正在度量生产力。

关键思想

以下是本章的主要思想。

- 明确的术语对进一步讨论生产力因素和生产力的度量很重要。
- 我们要反思软件工程生产力研究的历史。
- 我们要从知识型工作生产力的研究中学习并使用共同的术语。
- 所有生产力和相关术语的定义，都必须以软件的目的为基础。

致谢

我们感谢 Manfred Broy（德国计算机科学家，德国加兴工业大学信息科学系名誉教授）针对软件工程中生产力定义所进行的富有成效的讨论。

参考文献

[1] Boehm, B. et al. *Software Cost Estimation with COCOMO II*, 2000.

[2] Boehm, B. and Huang, L. Value-Based Software Engineering: A Case Study. *IEEE Software*, 2003.

[3] Brooks, F. P. *The mythical man-month*. Addison-Wesley, 1975.(中译本《人月神话》)

[4] DeMarco, T. and Lister, T. *Peopleware: Productive Projects and Teams*. B&T, 1987.

[5] Glass, R. L. *Facts and Fallacies of Software Engineering*. Addison-Wesley, 2002.

[6] Jones, C. *Software Assessments, Benchmarks, and Best Practices*. Addison-Wesley, 2000.

[7] Sackman, H.; Erikson, W. J. and Grant, E. E. Exploratory experimental studies comparing online and offline programming performance, Commun. ACM, ACM, 1968, 11, 3-11 .

[8] Drucker, P. F. Knowledge-Worker Productivity: The Biggest Challenge. *California Management Review*, 1999, 41, 79-94.

[9] Ramírez, Y. W. and Nembhard, D. A. Measuring knowledge worker productivity: A taxonomy. *Journal of Intellectual Capital*, 2004, 5, 602-628.

[10] Ray, P. and Sahu, S. The Measurement and Evaluation of Whitecollar Productivity. *International Journal of Operations & Production Management*, 1989, 9, 28-47.

[11] Sackman, H.; Erikson, W. J. and Grant, E. E. Exploratory experimental studies comparing online and offline programming performance, Commun. ACM, ACM, 1968, 11, 3-11.

[12] Tangen, S.; Demystifying productivity and performance. *International Journal of Productivity and Performance*, 2005, 54, 34-36.

[13] Jez Humble, David Farley. *Continuous Delivery. Reliable Software Releases Through Build, Test, and Deployment Automation*. Addison-Wesley, 2010.

[14] Robert S. Kaplan, David P. Norton: The Balanced Scorecard -Measures that Drive Performance. In: *Harvard Business Review*.(January-February), 1992, S. 71-79.

[15] Ron Jeffries. Should Scrum die in a fire? https://ronjeffries.com/articles/2015-02-20-giles/.

本章中的图片或其他第三方材料包含在本章的创作共用许可协议中，除非另有说明。如果本章的创作共用许可中未包含材料，并且预期用途不受法律法规许可或超出许可用途，则您需要直接获得版权所有人的许可。

第5章 一种软件开发生产力框架

Caitlin Sadowski（美国谷歌）

Margaret-Anne Storey（加拿大维多利亚大学） / 文　　谢和平 / 译

Robert Feldt（瑞典查尔姆斯理大学）

对于任何涉及非常规创造性任务的知识性工作来说，生产力都是一个很难定义、描述和度量的概念。软件开发是一种典型的知识型工作，因为它经常涉及定义不明确的任务，而这些任务依赖于广泛的协作和创造性工作。与知识型工作的其他领域一样，定义软件开发中的生产力一直是研究人员和实践者面临的一大挑战，他们可能希望通过引入新的工具或流程来理解并改进它。

在本章中，我们提出一个框架，用于根据我们提出的三个主要维度来概念化软件开发中的生产力。为了帮助阐明生产力目标，我们还提出了一套透视法，从这三个维度考虑生产力提供不同的视角。我们认为，如果不考虑这三个维度和各种不同的视角，任何生产力模型的描述都是不完整的。

© The Author(s) 2019

C. Sadowski and T. Zimmermann (eds.), *Rethinking Productivity in Software Engineering*,
https://doi.org/10.1007/978-1-4842-4221-6_5

软件开发中的生产力维度

拟议的软件工程生产力框架有以下三个维度。

- 速度：工作完成的速度
- 质量：工作完成的好坏
- 满意度：工作的满意度

在试图定义生产力目标或度量生产力时，考虑这三个维度很重要，因为它们是协同的。尽管生产力通常被认为是增加产出 （更高的产出速度），但如果产出的质量出现了相应下降，那么速度的增加可能并不能得到生产力的实际提高。速度和质量一起构成整体的工作效率和效能，而速度和质量可能以不同的方式影响满意度。提高开发速度可能会降低成本（并提高管理人员的满意度），但同时也会增加开发人员的压力（并降低他们的满意度，从而导致未来成本的增加）。在第 11 章中，可以找到详细的例子，说明即使是高速度和高质量，也会出现满意度低的情况。

速度

速度维度描述了如何根据完成任务的时间或完成给定工作量所花的时间（或成本）来概念化生产力。如何将速度概念化或度量，高度依赖于任务，需要考虑任务的类型，以及特定任务的粒度、复杂性和常规性。例如，度量开发人员的速率可以包括每个 sprint 的故事点数或者从代码到发布的时间。

质量

质量维度则描述了产品 （例如软件）非常好或提供了高质量服务。质量可能是一个项目的内部考虑因素（例如代码质量），也可能是一个项目的外部考虑因素（例如，从最终用户的角度来看，比如产品质量）。软件质量度量可以通过负向特性的数量来统计，比如发布后的缺陷量或者由自身技术债务引起的延期。

满意度

实际上，工程师满意度是一个要从多方面考虑的概念，因而难以理解、预测或度量。这个维度反映了生产力的人为因素并有几个可能的子项，包括生理因素（如疲劳）、团队舒适度（如心理安全）以及个人的流动／专注、自主性或幸福感。持续学习或技能发展可能会对长期的质量、开发人员的保留或开发速度产生积极的影响，这也能表现为满意度的提高。对开发人员而言，满意度可能受到个人或团队工作中实际或可感知的效能所影响。

不同视角

生产力的三个维度可以采用不同的视角。这些视角可能有助于缩小研究目标，并为我们理解或度量生产力的后续方法提供视角。我们认为，需要考虑以下几个主要的视角。

- 利益相关者：对于不同类型的生产力，不同的利益相关者（例如开发人员、经理和副总裁等）可能有不同的目标和理解。在尝试理解和度量生产力之前，必须确定哪些利益相关者值得关注，哪些对这些涉众来说是重要的。哪些利益相关者需要被考虑可能不是很明显，研究人员或执行者可能需要仔细分析哪些利益相关者的观点是重要的。

- 关联背景：特定的项目、社会和文化因素会改变对生产力的看法。举个例子，如果开发人员觉得帮助他人是团队所看重的，那么他们就会觉得花时间帮助别人解答问题是值得的。基础开发环境（例如，开源项目与关注利润的项目）会影响生产力目标。虽然关联环境视角通常是隐式的，但有时可能需要明确考虑任何规范、价值观或态度带来的影响。

- 层级：每个层级视角分类代表一个特定规模（组的大小）的生产力。个体开发人员、团队、组织和周围的社区关注不同的生产力，生产力的目标也可能是不同群体之间的矛盾。可能有些级别的干预并不普遍适合所有层次都有效。比如，从团队角度来看，对被打断的个人开发人员产生了负面的影响，但对团队可能会带来净收益。

要想深入了解四个不同层级的视角，请参阅第 6 章。

- 时间范围：所考虑的时间周期（短如天数、周数或冲刺，或长如月、年或里程碑）不同，也会导致对生产力的认知有很大差异。例如，过程改进可能会在短期内降低速度，但随着时间的推移会提升团队持续学习能力，从而在较长时间内提升速度。类似，从长远看，短期的速度提升可能导开发人员致疲劳和满意度较低。

有效生产力框架：明确目标、问题和度量

给定一个特定的高水平生产力目标，目标是获得跟踪该目标的特定度量。难的是，从目标到度量标准的转换并不简单，因为度量标准通常代表目标的特定方面。弥合这一分歧的方法是考虑一种中间状态。例如，用于理解和度量软件过程 [1、2] 的目标问题度量（GQM）方法的工作原理是首先生成定义目标的"问题"，然后指定可以回答这些问题的度量。GQM 提出了一种系统的方法来做到以下几点。

- 概念化的目标旨在理解或改善的软件工程工具和流程。

- 指定研究问题以实现这些目标。

- 定义度量标准，以了解或度量工具和流程。

与 GQM 相似，HEART 框架用于度量设计项目中的可用性 [3]。HEART 首先将高级可用性目标（例如"我的应用很棒"）分解为子目标，可以度量这些子目标的抽象"信号"（例如，在 App 上花的时间）以及这些信号的具体指标（例如，在 App 上阅读的文章数量或分享数量）。除了"目标 – 信号 – 指标"细分之外，HEART 框架还将可用性划分为五个维度：幸福感、参与度、采用、保留和任务成功。

受 HEART 框架涉及按维度拆分和从目标分解为指标的方式启发，我们建议结合生产力维度和视角将目标分解为目标、问题和指标。该技术可以指导特定问题和度量标准朝着确定的具体生产力目标发展。这些目标包括度量干预措施的影响，确定导致生产力下降的反模式或问题点，比较小组或了解特定情况下的生产力。为了说明如何使用该框架，我们在以下各节中概述两个假设的示例。

示例 1：通过干预来提升生产力

大型软件公司（关联背景）中的软件开发团队的经理（利益相关者）希望通过引入新的持续集成系统（利益相关者的生产力目标）来提高生产力。她希望提高单个开发人员和整个团队（层级）的生产力，并打算度量几个月（时间范围）内的变化。

通过沿着每个维度确定的视角来考虑生产力目标，产生了一系列关于生产力改进的具体问题。由于这些问题是特定的，因此可以确定一组有助于回答这些问题的指标，如表 5-1 所示。请注意，生产力指标始终是你真正想要度量的指标，并且指标与特定问题之间以及一组特定问题与一个或多个生产力率目标之间存在多对一关系。

表 5-1　从三个维度分解生产力目标 1[*]

生产力维度	问题	度量示例
质量	提交的代码质量更高？	测试覆盖率 发布后的缺陷数量
速率	开发人员能够更快地部署其功能吗？	从创建补丁到发布补丁的时间 达到团队里程碑的时间
满意度	开发人员对使用新工具的工程过程 是否更加满意？	新系统的开发人员评分 开发人员对工具支持的团队沟通进行评级

[*] 生产力目标 1：通过引入新的持续集成系统提高个人和团队的生产力

示例 2：理解会议如何影响生产力

对于这个例子，我们考虑了利益相关者想要了解而不是试图提高生产力的情况（尽管提高生产力可能是一个长期目标）。我们在这里呈现的场景是这样的情况：开发人员（利益相关者）在一个团队中工作，而该团队也与大公司中的其他团队进行协作（上下文 / 关联背景），希望了解会议如何影响生产力（目标）。在这里，开发人员更感兴趣的是采用一种探索性的方法来理解会议对生产力的影响。维度和视角有助于形成研究问题，如表 5-2 所示。在此示例中，即使未定义度量标准，研究问题也可以通过使其更加具体化来帮助改进探索性分析。由于单个开发人员的需求和目标可能与团队

和 / 或组织的需求和目标发生冲突，因此探索性分析可以帮助澄清此类冲突并为以后的更改奠定基础。请注意，在表格中，我们仅显示每个维度上可能存在的相关问题的示例。

表 5-2　在三个维度上分解生产力目标 2[*]

生产力维度	问题
质量	哪些会议会促进后续工作？
	感觉哪些会议是在浪费时间？
	这个会议是否需要所有与会者参与？
速率	时长合适的会议有什么特点？
	会议合适的时长是多少？
满意度	人们参加后感觉良好的会议有什么特点？

[*] 生产力目标 2：了解会议如何影响生产力

警告

我们提出的框架本质上是抽象的，因此可能不适合所有生产力研究，也可能不适合有细微差别的每一个生产力。其他研究人员和从业人员可能希望根据他们的需要考虑其他维度或视角。例如，如果学习 / 教育对正在考虑的生产力目标非常重要，则可以将其视为明确的第四维度。

当维度框架与 GQM 一起使用时，研究人员或从业人员可能无法立即看出应将哪些框架作为目标，将哪些框架作为一个或多个问题，因为目标可以表述为研究问题，反之亦然。如前所述，HEART 框架提供了使用信号代替问题的替代方法。我们发现在实践中沿着这三个维度迭代分解生产力指标很有用，而 GQM 就是这样一种方法。

正如我们前面提到的，定义的任何指标都要能被度量。重要的是要选择能够充分反映所度量概念的关键方面的度量指标，并且要意识到每个度量都有局限性。我们还强调，度量工程师的满意度具有挑战性，因为满意度受许多不同概念的影响并涉及许多不同概念。这些视角与研究目标一起可能有助于确定应如何概念化或度量满意度。特别是在满意度方面，我们强调没有放之四海而皆准的解决方案。

最后，确定和关注正确的目标超出了这个框架的范围。研究人员或从业人员可能会认为所做的工作是正确的，而实际上可能并非如此，也就是说，错误的任务可能会以富有成效的方式进行！

关键思想

以下是本章的主要思想。

- 要从三个维度考虑生产力：质量、速度和满意度。

- 三个维度相辅相成，但往往又相互矛盾。

- 维度具有几个可能的属性，度量它们在很大程度上取决于大量的任务和环境。

- 可以通过不同视角考虑三个维度来完善生产力目标。

- 我们建议的主要视角包括利益相关者、关联背景、层级和时间范围。

参考文献

[1] Victor R. Basili, Gianluigi Caldiera, and H. D. Rombach. The Goal Question Metric Approach. In Encyclopedia of Software Engineering (John J. Marciniak, Ed.), John Wiley & Sons, Inc., 1994, Vol. 1, pp. 528-532.

[2] V. R. Basili, G. Caldiera, and H. Dieter Rombach. The Goal Question Metric Approach. NASA GSFC Software Engineering Laboratory, 1994. (ftp://ftp.cs.umd.edu/pub/sel/papers/gqm.pdf)

[3] HEART framework for measuring UX. https://www.interaction-design.org/literature/article/google-s-heart-framework-for-measuring-ux.

■ 第 6 章 四大视角：个人、团队、组织和市场

Andrew J. Ko（美国华盛顿大学）/ 文   李彦成 / 译

当我们考虑软件开发中的生产力时，从"单位工作量"这个基本概念出发是合理的。开发人员完成的工作越多，越好。

但是，当研究人员调查开发人员如何看待生产力时，一些令人惊讶的细微差别浮出了水面：软件工程"工作"实际上是什么？在什么水平上应该考虑这项工作[14]？有四种视角可以用来解释生产力，每种视角对一个公司采取什么样的措施来提高生产力有不同的含义。

个人

第一个也是最明显的视角是个人视角。对于软件团队的开发人员、测试人员或任何其他贡献者，合理的做法是考虑分配给他们的任务、这些任务的完成效率以及影响这些任务完成效率的因素。显然，开发人员的经验（他们在学校、网上或其他工作中学到的经验）影响着他们完成任务的效率。

© The Author(s) 2019
C. Sadowski and T. Zimmermann (eds.), *Rethinking Productivity in Software Engineering*,
https://doi.org/10.1007/978-1-4842-4221-6_5

例如，有一项研究表明，就任务完成时间而言，不同的人对程序逻辑功能的理解力有好有坏，所以任务完成时间有很大的差异[3]。但是，这些技能不是一成不变的。例如，尽管人们可能认为没有经验的菜鸟总是比大神效率低，但如果教给新手一些专家策略，就可以让他们很快能够比肩高手[17]。

然而，正如任何一个开发人员所熟知，并不存在精通的概念；即使是高级开发人员也总是在学习新的概念、体系结构、平台和 API[5]。这种持续不断的学习对新员工更为必要，他们往往本能地向可以帮助他们的人隐瞒自己缺乏专业知识的事实。

但经验并不是影响个人生产力的唯一因素。例如，我们知道工具的好坏非常影响任务完成效率。例如，IDE、API 和编程语言，开发过程中就有很多障碍，包括找到相关的 API、学习正确地使用它们以及学习正确地测试和调试它们[7]。例如，一项研究发现，仅仅使用基本的代码导航工具（滚动条和文本搜索等）的时间，就可以占到代码调试时间的三分之一[8]。另一项研究发现，如果开发人员可以方便地追踪代码中的特定元素、快速跳转并使这些结构及其依赖关系可见，那么几乎可以减少那些不必要的开销[6]。

够获取正确的文档并且文档信息正确（例如，Stack Overflow 或其他有关 API 使用情况的信息源）也可以加速程序开发[11]，但如果该文档有误，将对任务按时完成百害而无一利[18]。

这些发现对单个开发人员的生产力有一定的意义。例如，教给开发人员一些实践过的高效技能，是一个稳赚不赔的买卖。对开发人员提供可提高生产力的高效工具培训，也是是一种性价比非常高的方法，可以帮助开发人员在同等时间内完成更多的工作。

团队

但是，当我们使用团队视角研究生产力时，这些对开发人员生产力的改进似乎并不那么重要。例如，如果一个开发人员的效率是团队中其他开发人员的两倍，但是经常因为要等待其他人而受阻，那么该团队是否真的更有生产力？研究表明，团队生产力实际上不受个别开发人员工作效率的限制，而受沟通和协调成本的限制[5]。

这部分是因为团队的工作速度只能取决于制定决策的速度，而且许多最重要的决策不是单独制定而是合作制定。然而，这也是因为即使是个人决定，开发人员也经常需要队友提供的信息，研究表明，获取这些信息总是比参考文档、日志或其他可自动检索的内容慢一个或两个数量级[10]。个体生产力和团队工作之间的这些相互作用也受到团队成员变化的影响：有一项研究发现，将人员缓慢添加到团队中（即等待他们成功加入团队）可以减少缺陷，但是迅速添加人员则可以增加缺陷[13]。

另外，团队需求可能会降低个人的生产力，但会提高团队的生产力。例如，中断工作对于单个开发人员可能是个烦人的事情，但是如果他们知道其他人需要帮着解除障碍，则可能会整体上提高团队的生产力。同样，高级开发人员可能需要向初级开发人员传授技能或知识，以帮助初级开发人员独立生产。这将暂时降低高级开发人员的生产力，但可能会提高团队的长期生产力。

如果我们认为团队的工作正确满足了要求，那么沟通和协作对团队的影响显然与满足这些要求的单个开发人员的生产力一样重要。因此，更重要的是找到一种管理团队的方法来简化沟通、协调和决策，这比提高个别开发人员效率的更有意义。所有这些责任都落在项目经理身上，他对生产力的概念不在于单个工程师的工作效率如何，而在于一个团队如何高效地满足高价值的需求。

组织

但是，即使是团队合作的视角也非常狭窄。组织视角揭示了其他重要因素。例如，公司通常围绕如何管理项目制定规范，这些规范可以极大地影响个人和团队层面的工作效率[4]。组织还制定了政策，确定开发人员在一起工作，在公共空间中工作，在家里工作，在另一个国家工作。这些政策及其对协调沟通的影响，可以直接影响决策速度，与距离成正比[16]。

组织还可以制定关于工作与生活平衡的正式政策和非正式期望，这可能会无意中导致疲劳和缺陷[9]。组织具有不同的代码所有权规范，这会影响团队内部和团队之间的沟通协作，并且当没人拥有代码实现时可能会导致缺陷[2]。组织还投资了一些基础设施，以保持组织其他部门[12]的协作意识，例如谷歌拥有一个全公司级别的代码库，而其他公司则拥有大量不互通的代码库。公司还对中断的处理方式制定了不同的规范，这可能会对整个组织范围内的生产力产生不利影响 [15]。所有这些文化和政策因素也会高效率人才的招募和留用变得复杂，正如我们观察到的，雅虎决定要求所有工程师在雅虎的主园区工作。

考虑到组织文化中所有的这些复杂因素，人们可能会想到，从组织的角度思考生产力，一种有效的方式就是推断规范和政策对个人和团队生产力产生的作用和影响。组织的管理人员需要负责监视这些问题，并制定对生产力影响较小的新的政策、规范和流程。

市场

最后，组织视角也有其自身的局限性。从市场角度看待生产力，可以确认的是，组织开发软件的整体宗旨是：为客户和其他利益相关者提供价值。当谷歌表示其使命是"编组全世界信息"时，它描述了如何评判整个组织的绩效。因此，与其他有相似目标的公司相比，用户在查找信息和回答问题时使用谷歌会更有效率。就价值而言度量生产力，一家公司需要阐明产品的价值主张，也就是用一些假设去阐明如何针对竞争产品来给出解决方案，本公司的产品可以为人们带来什么样的价值。一些研究认为公司的主要目标是将价值主张进行完善和度量 [9]。然后，对不断发展的组织目标的理解，会下沉到新的组织策略、新的团队级别的项目管理策略以及新的开发人员工作策略，这些都是为了改善这种顶级生产力概念。

全视角生产力

尽管很容易假设组织中的每个人可能只需要关注其中的一种，但在软件工程专业知识的领域研究表明，出色的开发人员能够通过所有这些观点进行编码 [5]。毕竟，当开发人员编写或修复一行代码时，他们不仅完成了工程任务，还实现了团队的目标，实现了组织的战略目标，并最终使组织能够在市场上验证其产品的价值主张。从每一个视角来看待他们所写的代码，将有不同的感受，它即是代码，又是系统、软件、平台、服务甚至是产品。

上述这些对度量生产力意味着什么？这意味着万事万物并没有唯一的度量标准，个人、团队、组织和市场都有自己的度量标准，因为影响每个级别绩效的因素过于复杂，无法简化为一个指标。实际上，我认为，开发人员、团队、组织和市场是相互独立的，以至于开发人员、团队、组织和市场都需要各自独特的绩效指标来度量工作产出（生产力、速度、产品质量和计划产出比等）。这意味着组织中个人的核心能力，都需要找到有效的能力评估方法，以便可以进行度量和改进。

关键思想

以下是本章的主要思想。

- 个人、团队、组织和市场需要不同的生产力指标。
- 不同的视角对生产力的看法不一样。

参考文献

[1] Begel, A., & Simon, B. (2008). Novice software developers, all over again. ICER.

[2] Bird, C., Nagappan, N., et al. (2011). Don't touch my codeff Examining the effects of ownership on software quality. ESEC/FSE.

[3] Dagenais, B., Ossher, H., et al. (2010). Moving into a new software project landscape. ICSE.

[4] DeMarco, T. & Lister, R. (1985). Programmer performance and the effects of the workplace. ICSE.

[5] Li, P.L., Ko, A.J., & Zhu, J. (2015). What makes a great software engineer? ICSE.

[6] Kersten, M., & Murphy, G. C. (2006). Using task context to improve programmer productivity. FSE.

[7] Ko, A. J., Myers, B. A., & Aung, H.H. (2004). Six learning barriers in end-user programming systems. VL/HCC.

[8] Ko, A.J., Aung, H.H., & Myers, B.A. (2005). Eliciting design requirements for maintenance-oriented IDEs: a detailed study of corrective and perfective maintenance tasks. ICSE.

[9] Ko, A.J. (2017). A Three-Year Participant Observation of Software Startup Software Evolution. ICSE SEIP.

[10] LaToza, T.D., Venolia, G., & DeLine, R. (2006). Maintaining mental models: a study of developer work habits. ICSE SEIP.

[11] Mamykina, L., Manoim, B., et al. (2011). Design lessons from the fastest Q&A site in the west. CHI.

[12] Milewski, A. E. (2007). Global and task effects in information- seeking among software engineers. ESE, 12(3).

[13] Meneely, A., Rotella, P., & Williams, L. (2011). Does adding manpower also affect quality? An empirical, longitudinal analysis. ESEC/FSE.

[14] Meyer, A.N., Fritz, T., et al. (2014). Software developers' perceptions of productivity. FSE.

[15] Perlow, L. A. (1999). The time famine: Toward a sociology of work time. Administrative science quarterly, 44(1).

[16] Smite, D., Wohlin, C., et al. (2010). Empirical evidence in global software engineering: a systematic review. ESE, 15(1).

[17] Benjamin Xie, Greg Nelson, and Andrew J. Ko (2018). An Explicit Strategy to Scaffold Novice Program Tracing. ACM Technical Symposium on Computer Science Education (SIGCSE).

[18] Fischer, F., Böttinger, K., Xiao, H., Stransky, C., Acar, Y., Backes, M., & Fahl, S. (2017). Stack overflow considered harmful? The impact of copy&paste on android application security. IEEE Symposium on Security and Privacy (SP).

▌第 7 章 从知识工作角度看软件生产力

Emerson Murphy-Hill（谷歌美国）

Stefan Wagner（德国斯图加特大学）

/ 文　　王伟咏 / 译

虽然本书的重点是软件开发人员的生产力，但其他领域对生产力的研究更为广泛。这样的工作可以让我们更充分、全面地了解软件开发人员的生产力。在本章中，我们概述了知识工作者的生产力。

知识工作简史

"知识工作"一词是由管理大师德鲁克在 1959 年创造的 [1]。不同于主要产出为实物的体力劳动，知识工作者主要处理的是信息，每一项任务通常都与上一项任务不同，而主要的工作输出是知识。

后来，德鲁克对采用和提高体力劳动者生产力一样的方式来提高知识工作者的生产力这一管理研究领域提出了挑战 [2]。德鲁克将知识工作者的生产力与体力劳动者的生产力进行了对比，这是很有见地的。虽然体力劳动者的生产力可以通过理解和自动化常规制造步骤来提高，但知识工作者执行任务的步骤相当不合常规，以至于无法进行类

© The Author(s) 2019

C. Sadowski and T. Zimmermann (eds.), *Rethinking Productivity in Software Engineering*,

https://doi.org/10.1007/978-1-4842-4221-6_7

似的自动化。

在过去的半个世纪，管理学和其他社会科学的研究一直在探讨如何提高知识工作者的生产力。软件开发人员是知识型工作者，所以这类研究所了解到的许多知识也将适用于软件开发人员的生产力。

对知识工作者的研究至少可以教会我们两件关于软件开发人员生产力的事情：度量生产力的方法和一组实证明会影响知识工作者生产力的驱动因素。接下来将依次进行讨论。

生产力度量方法

正如我们在本书其他地方所讨论的，度量软件开发人员的生产力是一个挑战，而且很可能没有一个单一的度量标准可以做到（详见第 2 章和第 3 章）。这一问题也困扰着知识工作的研究人员，但他们已经在这一问题上取得了进展，发展了一系列度量生产力的方法。接下来，我们将通过研究 Ramírez and Nembhard[4] 中的方法分类来描述用于度量知识工作者生产力的方法。我们描述了其中一些方法，并讨论了在使用每种方法时的权衡。此外，我们将这些方法分为四类，分别称之为面向结果、面向过程、面向人和面向多个方面。软件工程实践者和研究人员可以使用这些类别根据根据场景来选择适当的生产力度量方法。

面向结果的方法

在关于提高体力劳动者生产力的原始文献中，通常主要根据单位时间的劳动产出来度量生产力。例如，对于软件开发人员来说，这可以通过度量每天写了多少行代码来实现。这种度量方法也被扩展到知识工作者的研究中，通过对员工使用的资源或工资等过程的投入进行核算。这种面向结果的方法具有相对简单的优点。然而，正如 Ramírez and Nembhard 指出的那样，对知识工作者的研究基本上一致认为，这种面向结果的方法通常是不够的，因为没有考虑到产出质量，而产出质量通常被视为生产力的关键组成。有关度量生产力时质量重要性的深入讨论，请参见第 5 章。面向结果的软件工程度量存在的另一个挑战是，难解的软件问题的输出可能与容易解的问题类似。

这些面向结果的方法的另一个改进是用组织经济产出作为结果，例如公司的收益。这种方法的主要优势在于，经济产出可以说是度量生产力最直接的指标，至少在很大程度上，如果开发商的工作不能直接或间接产生利润，那么它们真的具有生产力吗？这种方法的缺点是，正如 Ramírez and Nembhard 指出的那样，很难将利润归因到知识工作者个人身上，而且目前的经济产出也不一定代表未来的潜在经济产出。在复杂的软件组织中，比较难以度量关键但间接的开发人员（如开源开发人员或基础设施团队）的经济效益。

面向过程的方法

一些研究并不着眼于工作成果，而是研究知识工作者是如何执行任务的。例如，使用多分钟度量方法，知识工作者定期填写表单，从预定义的任务列表中报告他们所做的工作。在此基础上，生产力度量方法可以度量在员工在期望的活动中所花费的时间，考察其花费的时间占总工作时数的百分比。在软件工程中，我们可以将期望的活动定义为可以为软件产品增加价值的活动。这可以包括建设性的活动，如写代码，也可以包括分析性的、改进性的活动，如执行代码检查。这些方法的优势在于，它们能够实现一定程度的自动化，例如通过经验取样工具（www.experiencesampler.com/）或诸如 sacuetime（https://www.sacuetime.com/）之类的仪器。主要的缺点是，简单度量活动并不能度量知识工作者如何进行这些活动，也没有考虑到质量。在后一点上，还扩展了一些活动跟踪方法，以度量提高质量的活动，例如将思考和组织作为提高质量从而提高生产力的活动来计算。然而，这表明很难明确区分增值活动和非增值活动，我们认为无用的活动，反而可能是有用的（见第 19 章）。

面向人的方法

不同于与先前的方法（寻求预先定义生产结果和活动），面向人的方法使知识工作者能够为自己定义生产力指标。一种方法是通过成果法，它通过确定完成目标与计划目标的比率来度量生产力。成果法的一个扩展是归一化的生产力度量方法，它致力于在知识工作者之间就生产力的不同维度建立共识。这些方法的优势在于，将生产力作为自定目标的完成来度量具有良好的结构效度，因为研究表明，任务或目标的完成是软件开发人员报告中所称的高效工作日的首要原因 [5]。

使用访谈和调查来度量生产力是度量知识工作者生产力和确定知识工作者薪酬的"一种简单而常用的方法" [4]。这种方法的优点是相对容易通过现有的设施来管理，并可以捕捉各种生产力因素。另一方面，这种方法可能可靠性较低。为了提高这些方法的可靠性，许多研究使用了同行评估，即知识工作者对同行的生产力进行评估。然而，这种方法的缺点是所谓的光环效应，即同龄人可能会将知识工作者的过去绩效评定为当前绩效指标，即使过去和现在的生产力不相关。

面向多个方面的方法

正如我们在第5章和第6章所描述的，生产力可以通过组织内的多个方面来度量；同样，知识工作相关文献也试图通过多个方面来理解生产力。例如，当知识工作者有多个产出时，可以使用多个产出生产力指标来度量生产力。例如，软件开发人员不仅生成代码，还生成基础设施工具，并在组织开发实践中培训。一种多层次生产力度量方法是宏观、微观和中观的工作者生产力模型，它试图分别度量企业、个人贡献者和部门各级的生产力。这项方法使用质量、成本和损失时间等属性来度量随时间变化的生产力。这些方法的主要优点是，它们提供了比许多其他度量标准更全面的组织生产力视图，但同时，收集起来可能很复杂。

面向过程、面向人和面向多个方面这几种方法为从业者和研究人员提供了多种选择。这些方法的一个用处是，使那些想要度量生产力的人能够使用现成的、经过验证的方法，而不是创建有效性未知的新方法。这些方法的另一种用处是作为一个框架来扩展生产力度量工作；如果一个组织已经在用面向过程的生产力方法，就可以通过添加面向人的方法来扩展他们的产品组合。同样，研究人员可以选择多种方法，通过三角度量来提高研究的有效性。

影响生产力的驱动因素

对知识工作者的研究，第二个主要贡献是可以了解什么驱动因素可以改变软件工程师的生产力。了解生产力驱动因素是很有价值的，因为它告诉组织可以做出哪些改变来提高知识工作者的生产力。虽然一些生产力驱动因素是特定于软件开发的，例如代码复杂度（参见第 8 章），但其他驱动因素可能同样适用于一般的知识工作者和软件开发人员，例如需要集中的安静空间。

我们借鉴了先前的研究，发现这些研究对知识工作者的生产力驱动因素进行了分类。为了度量知识工作者的生产力，Palvalin 创建了 SmartWoW，根据知识型工作文献 [3]，这项调查涵盖所有影响生产力的驱动因素；希望了解每个因素的科学证据的读者可以深入查看 Palvalin 的研究。Palvalin 对 9 家拥有近 1000 名知识工作者的公司进行了评估，他的调查具有合理的有效性和可靠性。SmartWoW 将生产力驱动因素分为五种类型，如下所壕。

物理环境

物理环境是指工作场所，无论是在办公室还是在家。对知识工作者的研究发现，能够提高生产力的物理环境，需要有足够宽敞的独立办公空间，以便大家能够集中精力举行正式和非正式会议以及进行非正式的协作。提高生产力的物理环境也注重良好的人机工程学，往往也噪音低，干扰少。软件开发人员对开放式办公室的频繁抱怨凸显了工作环境因素的重要性。

虚拟环境

虚拟环境是指知识工作者所使用的技术。一个能提高生产力的虚拟环境是一个技术易于使用以及随时随地可用的环境。知识工作研究还确定了几种提高生产力的具体技术类型，包括使用即时消息、视频会议、访问同事日历和其他协作软件。这项研究表明，可用的编程语言和强大的工具以及像 GitHub 这样的协作平台，对提高软件开发人员的生产力是非常重要的。

社会环境

社会环境是指一个组织中工作人员的态度、惯例、政策和习惯。一个能提高生产力的社会环境是这样的：知识工作者有权自由选择工作方式、工作时间和工作地点；信息在工作者之间自由流动；会议是有效的；有明确的技术使用和通信政策；目标是有凝聚力和明确定义的；绩效是根据结果而不是根据过程来评估的；鼓励尝试新的工作方法。

例如，一个给予开发人员自由尝试新工具和方法的环境就是一个提高软件开发生产力的社会环境。谷歌发现，团队成员能够毫无畏惧地承担风险的心理安全感是高效团队的最重要预测因素，这一发现凸显了社交环境的重要性。

个人工作实践

虽然先前的环境驱动因素可以通过组织实践实现高效的工作，但个人工作实践度量知识工作者实际实施这些实践的程度。富有成效的个人工作实践包括使用技术减少不必要的出差，在等待时使用移动设备（例如在旅行期间），优先处理重要任务，在需要集中精力的任务期间使用安静空间和关闭干扰性软件，为会议做准备，照顾好自己的身体，利用组织的官方渠道沟通，规划他们的工作日，尝试新的工具和工作方法。这意味着开发人员可以高效地工作，例如，他们可以在上下班路上编码、测试和提交。

工作幸福感

最后，Palvalin 还补充说知识工作者的幸福感在工作中既是工作效率的驱动因素，也是工作效率的结果。一个高生产力的知识工作者具有以下典型特征：对自己的工作有兴趣，有热情，能够从工作中找到意义和目标，没有持续的压力，受认可度高，工作与生活平衡，工作氛围好，能迅速解决与同事之间的冲突。以上迹象表明，著名的每周工作 80 小时的开发人员并不是一个高效的开发人员。

软件开发人员与知识工作者：相似还是不同

在这一章中，我们对软件开发人员和知识工作者的生产力进行比较，因此很自然地联想到两者的生产力是否相同。我们的观点是，如果软件开发人员的生产力和知识工作者的生产力一的，我们将放弃研究软件开发人员生产力的责任；而如果认为它们完全不同，我们就可能忽略先前已做过的对知识工作者生产力的研究而重新发明轮子。

事实上，知识工作者和软件开发人员在某些方面是相似的，而在其他方面则是不同的，无论是在种类上还是程度上。我们可以把影响软件开发人员生产力的所有因素都归入前面部分描述的五种类型的生产力驱动因素中，但是这样做会忽略一些软件开发人员特有的驱动因素，例如软件复杂性。在某种程度上，软件开发人员的生产力在某些方面是相似的，而在其他方面则是不同的。例如，在调查谷歌员工时，本章第一作者发现，工作热情对谷歌知识员工和软件开发人员的生产力的影响程度几乎相同；另一方面，他还发现，时间管理的自主性对知识工作者的生产力的影响远大于对软件开发人员生产力的影响。

总而言之，想要了解软件开发人员生产力的人，也应该了解知识工作者的生产力，不是因为后者可以取代前者，而是可以对何时使用现有的措施和因素做出明智的选择以及何时应该有新的措施和因素。

结语

虽然软件开发有其特定的特点，但对一般知识工作的研究有很多值得学习的地方。首先，光看产出的数量是不够的，还要包括工作的质量（第 4 章和第 5 章）。其次，它提供方法来度量结果之外的其他指标。然而，知识工作研究还没有找到一种合适的方法来捕捉生产力的所有重要方面。最后，它提供了一套直接适用于软件开发的生产力驱动因素，例如足够的单独工作空间和愉快的工作氛围。

关键思想

以下是本章的主要思想。

- 软件开发人员是一种特殊的知识工作者。知识工作者的生产力已经在不同的背景下进行了研究，这些研究可以用来理解软件开发人员。

- 度量知识工作者生产力的主要方法有四种：面向结果、面向过程、面向人和面向多个方面的生产力度量方法。

- 针对知识工作者的研究表明，影响生产力的驱动因素有五类：物理环境、虚拟环境、社会环境、个人工作实践和工作幸福感。

参考文献

[1] Drucker, P. F. (1959). Landmarks of tomorrow. Harper & Brothers.

[2] Drucker, P. F. (1999). Knowledge-worker productivity: The biggest challenge. *California management review*, 41(2), 79-94.

[3] Palvalin, M. (2017). How to measure impacts of work environment changes on knowledge work productivity-validation and improvement of the SmartWoW tool. Measuring Business Excellence, 21(2).

[4] Ramírez, Y. W., & Nembhard, D. A. (2004). Measuring knowledge worker productivity: A taxonomy. *Journal of intellectual capital*, 5(4), 602-628.

[5] Meyer A. N., Fritz T., Murphy G. C., Zimmermann T. (2014). Software developers' perceptions of productivity. SIGSOFT FSE 2014: 19-29.

第Ⅲ部分　生产力影响因子

■ 第8章 生产力影响因素清单

Stefan Wagner（德国斯图加特大学）

Emerson Muwrphy-Hill（美国谷歌） / 文   沈朝华 / 译

简介

在专业工作的各个领域，有许多影响生产力的因素。尤其是在知识工作领域，我们没有简单且清晰可度量的工作产品，因此很难捕捉到这些因素。软件开发是一种知识工作，面临的困难更加特殊，因为当今软件开发人员都得面对的大型系统。

同时，开发人员必须实施软件项目，管理其他软件开发人员以及优化软件开发过程来增强项目的竞争力。因此，我们需要对影响软件开发生产力的因素有一个全面的了解，以便开发人员和管理人员知道哪些点需要重要关注。开发人员和管理人员可能已经从经验中学到了一些影响个人生产力和团队生产力的因素。然而，更为有用的简单方式是基于经验得出一份影响生产力的因素清单。

我们在本章中提供一份可供开发人员或软件管理人员用来提升生产力的清单。我们将

© The Author(s) 2019

C. Sadowski and T. Zimmermann (eds.), *Rethinking Productivity in Software Engineering*,

https://doi.org/10.1007/978-1-4842-4221-6_8

讨论（与产品、过程及开发环境有关的）技术因素以及（与公司文化、团队文化、个人技能和经验及工作环境和特定项目有关的）软性因素。

生产力影响因素研究

自 20 世纪 70 年代开始，一直都有关于软件开发生产力的研究增多了，最初的研究非常有影响，已经识别出我们在本章中汇总的很多因素。但是，随着时间的推移，20 世纪 70 年代的某些因素变得不那么重要，例如团队主程序员的使用及计算机操作经验。

20 世纪 80 年代进行了更为系统的数据收集，例如，Jones 的一系列著作 [7]。但是，研究人员也意识到心理学和社会学因素的重要性。正如在《人件》[3] 中所讨论的，最重要的是诸如人员流动和开发人员的工作场所。他们还强调产品质量是生产力的重要因素之一。最著名的工作量预测模型 COCOMO[6] 差不多就是在那个时候发布的。

可能是受《人件》的影响，20 世纪 90 年代对软性因素的研究。出现一些对项目周期和面向对象方法应用的研究。进入 21 世纪，没有出现全新的方向，但对一些因素的理解进行了深入探讨，例如需求易变性和客户参与等。

我们将总结这几十年研究的主要因素，并简要回顾一下 2010 年到现在已研究得出的新因素。

技术因素清单

表 8-1 显示了从文献中发现的对软件开发生产力有影响的产品、流程和环境三个因素。

产品因素

在过去十年中，产品因素清单的变化比较小。有几个因素与规模和复杂度有关。软件规模通常是指软件系统的代码量。产品复杂度表明通过或多或少代码来实现系统的难度。在任何情况下，软件（包括其数据）的规模和复杂度都是降低生产力的主要因素。

与之相关的还有技术依赖。更新的研究已经聚焦于不同软件模块或组件之间的依赖关系以及它在开发团队中社会依赖关系上的体现。大量的依赖关系会降低生产力。

表 8-1　产品因素

因素	描述	来源
复用性开发	这些组件的复用率需要多高？	[1]
开发灵活性	系统约束有多强？	[1]
执行时间约束	消耗了多少可用执行时间？	[1]
主存储约束	消耗了多少可用存储空间？	[1]
先例	这些项目相似程度如何？	[1]
产品复杂度	软件功能和结构的复杂性	[1]
产品质量	产品的质量会影响动力，进而会影响生产力	[1]
软件可靠性需求	需要多高的可靠性？	[1]
复用	复用程度	[1]
软件规模	系统代码总量	[1]
用户界面	用户界面的复杂程度	[1]
技术依赖	数据相关或功能依赖，例如调用关系图或耦合变化	[5], [11]

像执行时间约束、主存储约束和总体约束这一类因素，可以整合为一个因素，我们称之为"开发灵活度"。 但是，前两个更多是在实时和嵌入式系统中，而后者也可以涵盖其他限制。这些限制的一个例子可能是使用特定的操作系统、数据库系统或高并发用户。额外的限制也可能会减慢开发速度。

此外，用户界面上的要求也起着重要作用。开发图形用户界面和后台服务不一样。复杂的用户界面通常会降低生产力。

另一个产品因素与质量有关。当前的产品质量决定着使用软件是变得更容易还是更复杂。对可靠性和可重用性的更高要求会增加工作量。更新的著中，也将这一点扩大到其他质量属性。

最后，组织之前所做的工作也有关系：先例描述讨论的项目与现有软件的相似度，复用描述新软件有多少可以通过复用现有软件来实现（例如内部或开源代码）。

流程因素

表 8-2 中的流程因素仍然是技术性的，但更多与流程相关，而不是产品本身。这些因素与项目有关：项目周期和项目类型。周期较长的项目更难组织，但可以更多受益于规则和自定义工具。最近一项研究 [8] 区分了开发项目和集成项目。开发项目创建了项目所涉及的大部分软件，而集成项目通常连接和配置已有软件。他们发现，集成项目更有效率。

表 8-2　流程因素

因素	描述	来源
敏捷	是否使用了敏捷的开发流程？	[10]、[12]、[13]
架构风险消除	架构如何降低风险？	[1]
设计完整性	编码开始前的设计完成度如何？	[1]
早期原型	流程早期的原型建设？	[1]
有效且高效的 V&V	缺陷检出程度和需要付出的工作量	[1]
硬件并行开发	硬件是否并行开发？	
外包和全球分布	项目工作的外包程度	[1]
平台不稳定性	重大变化之间的时间跨度	[9]
流程成熟度	流程的定义明确	[1]
项目周期	项目长度	[1]
项目类型	集成或开发项目	[8]

以上因素中，我们可以看到不同的开发活动对生产力都有影响。架构风险须消除在架构设计和演进中，这很重要。编码开始前设计的完成度会影响到后期的变更数量。最后，有效和高效的 V&V（验证和确认）描述了适宜的测试、评审和自动化分析。早期原型可以提高生产力，因为需求的澄清而使风险得以解决。如今，这通常被迭代和增量开

发所取代。这样的开发模式能够更好地应对需求多变性，但在编码初期，设计的完成度较低。

如今，大多数系统都不是完全独立的，通常依赖于特定的平台或硬件。如果平台频繁变化（平台不稳定性），就会产生大量的适配工作。硬件的并行开发意味着我们很难依赖硬件，因而可能需要在软件中进行调整适配。

最后这些因素是关于流程模型和工作分布的。一个普遍的因素是流程成熟度，这意味着开发过程的定义有多明确。近年来，研究聚焦于在敏捷过程并发现它们会影响生产力。最近研究的另一个方面是项目的外包和全球分布。

开发环境

最后，我们将不直接属于产品和流程的因素归为一组，如表 8-3 所示。

表 8-3　开发环境

因素	描述	资源
满足整个生命周期需求的文档	文档和需求的匹配程度	[1]
领域	应用领域，例如：嵌入式软件、管理信息系统或 Web 应用程序	[4]
编程语言	使用的编程语言	[1] 和 [21]
软件工具的使用	工具使用程度	[1]
最新开发实践的使用	例如，持续集成、自动化测试或配置管理	[1]

一个非常普遍的因素面向哪个领域要开发应用程序。例如，嵌入式软件系统通常有一些特别之处，比如交叉编译，这使得开发更加困难。同样相当普遍的因素是编程语言的使用和最新开发实践的使用。后者包括诸如持续集成或自动化测试等方法，这些方法通常与敏捷开发流程一起使用，但并不限于此。此外，诸如最新的 IDE 或测试框架等软件工具的使用也会影响生产力。最后，我们还要考虑文档和环境因素的匹配。尤其重要的是文档是否满足当前开发的需要。

软性因素清单

由于软件工程团队中的大多数人都有技术背景，所以我们倾向于关注技术。然而，特别是对于生产力，很多软性因素发挥着重要作用。我们将讨论如下五个类别中发现的软性因素：企业文化，包含公司层面的相关因素；团队文化，与企业文化类似，包含团队层面的因素；个人技能和经验，包含与个人相关的因素；工作环境，它代表环境的属性，如工作场所本身；项目，包括项目特定的因素。

企业文化

我们从与整个组织的文化相关的因素开始。所有这些因素在团队层面上也会很有意思，但公司的文化总体上也反映在团队层面。研究人员研究了表 8-4 所示三个因素：可信、公平和尊重，特别是在组织层面。

表 8-4　企业文化

因素	描述	资源
可信	开放的沟通和有能力的组织	[1]
公平	薪酬制度的公平和差异化	[1]
尊重	机会和责任	[1]

要描述公司整体是否能够做到开放沟通以及组织是否有能力做好正在做的事情，可信度大概是最通用的因素。例如，在这里，意味着在组织层面上去理解如何计划和开展软件项目。在公平方面，我们为所有员工提供平等的薪酬机会，并考虑组织中性别或背景的多样性。尊重意味着组织不仅将员工视为"人力资源"，而且将其视为人；管理层给予员工机会，并委之以责任。

团队文化

我们在团队层面比公司层面做了更多研究，因为同一家公司不同团队可能有很大的差异。完成更多的研究后，我们得出了团队文化中影响生产力的八个因素，如表 8-5 所示。

表 8-5　团队文化

因素	描述	资源
同事情谊	友好的社交氛围	[1]
明确的目标	小组目标有多明确？	[1]
沟通	团队中信息流动的程度和效率	[1]
心理安全感	冒险的安全氛围（试错容忍的氛围）	[14] 和 [15]
精英意识	团队认为自己是更优秀的	[1]
支持创新	可以为新想法提供多大程度的帮助	[1]
团队凝聚力	干系人的合作程度	[1]
团队认同感	团队成员的一致认同感	[1]
人员变动率	人员变动数量	[1]

同事情谊意味着一种友好的社交氛围，团队成员在社交的同时也互相帮助。第二个因素是必要的明确的目标，它们指引团队成员朝着共同的目标努力。最普遍的因素是沟通，沟通包括团队内部信息流动的程度和效率。研究中令人吃惊的发现是沟通对生产力的影响总是积极的。在日常讨论中，我们经常听到应该减少沟通，以减少不必要的工作。然而，实际的问题似乎是，如果在一个项目中投入越来越多的人，沟通的工作量将会增加 *。但是，在沟通上多付出的投入似乎是一项不错的投资。

心理安全与同事情谊类似，但更明确地是指一种氛围，在这种氛围中，团队的每位开发人员可以冒险和分享个人信息，并且知道队友会以尊重和善意的态度来对待。由于谷歌的一项大型研究 [14]，这个因素最近被纳入到软件项目生产力相关讨论中。同样相似但属于另一个方向的因素是团队精英意识。如果团队认为他们是最优秀的工程师，总是在开发最高质量的软件，那么他们更有可能跨越最后一公里实现这一点。

与心理安全相关的还有支持创新。这包括在某种程度上冒险的安全性，它也意味着团队成员愿意引入创新，并改变他们的工作方式。另一种因素是团队凝聚力。团队凝聚力描述了所有团队成员愿意合作的程度。这不一定包括友好的社交气氛，而是一种专

---

*　中文版编注：详情可以参见《快速开发》（纪念版）。

业的团队合作方式。

成员一致的团队认同感看上去也可以提升生产力，但可能是通过影响同事情谊或精英意识这些其他因素达成。最后，团队人员变动率可能会受上面提到因素的影响。团队变化也有可能根据管理需要下达的命令等其他影响发生。不管怎样，人员变动越少，生产力越高，这是我们可以很容易度量的少数几个因素之一。

个人技能和经验

除了团队，个人的技能和经验是最值得研究的。我们发现，有一点值得注意，虽然经验经常被提出来，在面试中也被认为很重要，但在实证性研究中，经验却相当微不足道。而更有意思的却是开发人员的能力。研究表明，长期从事某一职业并不一定能使人更有生产力，如表 8-6 所示。

表 8-6　个人技能

因素	描述	资源
分析师能力	系统分析师相关的技能	[1]
应用领域经验	应用领域的熟悉程度	[1]
开发人员性格特质	团队成员个人性格特质及团队中不同性格特质的融合	[1] 和 [19]
开发人员幸福感	积极的体验会带来积极的情绪	[16] ～ [18]
语言和工具经验	编程语言和工具的熟悉程度	[1]
管理应用领域经验	管理者对应用的熟悉程度	[1]
管理者能力	管理者对项目的把控能力	[1]
平台经验	对硬件和软件平台的熟悉程度	[1]
程序员能力	程序员的技能	[1]

因此，我们有分析师能力、管理者能力和程序员能力因素。每一个都是指个体在各自

角色中的技能。对于每个角色，这些技能集都会有所不同，但到目前为止，还没有研究出固定的各个角色技能集。

经验确实发挥了作用，但更多的是应用领域和平台的经验。我们有三个因素：应用领域经验、管理应用领域经验和平台经验。前两个是指开发人员和管理人员在特定应用程序领域中开发软件的时间和深度。后者是指个人使用硬件和 / 或软件平台（如苹果移动设备的 iOS 操作系统）的经验。

开发人员性格特质在许多实证性研究中都有研究。很少有人根据人格心理学的发展水平来度量性格特质。最近有一项研究[19]发现，只有一种性格特质——认真负责——对工作效率有正面影响。

与性格特质研究类似，最近又有一个重要的心理学领域被纳入了研究范畴：开发人员的情绪。有几项研究[16-18]研究了开发人员的幸福感与其生产力之间的关系。他们发现快乐的开发人员确实更有效率。可以在第 10 章找到更多的细节。

工作环境

这类因素可以在组织或团队层面上看到。然而，由于有五个因素，我们决定将它们归为一个单独的类别。表 8-7 描述了软件工程师自身的工作环境。

表 8-7　工作环境

因素	描述	资源
有效性因素(E-factor)	工作不被打断时间占整个工作时间的比例	[1]
办公室布局	办公室私人或开放布局	[22]
物理分离	团队成员分布在办公楼的不同地方或在不同的办公地点	[1]
合适的工作场所	工作场所是否适合进行创造性工作	[1]
时间碎片	每个人必要的 "工作场景切换" 的数量	[1]
通信设施	支持在家办公、虚拟团队以及与客户进行视频会议	[1]

《人件》中介绍的有效性因素强调不被打扰的工作时间对生产力很重要。第 9 章将更

详细地讨论这一点，第 23 章提出了改进思路。

虽然我们还没有发现专门针对软件工程团队的研究，但是有一些关于办公室布局的研究适用于我们的场景。在软件公司，我们经常看到开放式办公室，理由是团队成员之间的交流很重要。最近的一项大型研究[注22]没有发现任何证据表明事实就是这样。相反，干扰更大，也因为这样，开放式办公室的有效性因素变得更糟。

软件的分布式开发，意味着软件团队物理分布在不同的地点，甚至可能在不同的时区，这种情况如今很常见。需要有大量的工作应对这种工作模式的潜在问题。这会对生产力产生负面影响。

此外，工作场所本身也会影响生产力。有一些研究方向，比如是否有窗户和自然光，或者房间大小和办公桌大小。时间碎片与有效性因素有关，但更多的是看需要同时参与多少项目以及有多少种任务需要处理。这将导致代价高昂的上下文切换，如果能够专注于一个项目，则可以避免这种切换。

最后，适当的通信设施是很重要的，这样就可以居家办公、高效的兼职工作或者和在其他地理位置的团队成员进行高效的交流。

项目

最后，如表 8-8 所示，有一些与特定项目相关的因素，它们不是技术性的，从某种意义上说，它们来自技术或编程语言。相反，与项目相关的人员会影响它们。

表 8-8　项目

因素	描述	资源
团队平均规模	团队人员数量	[1]
需求稳定性	需求变更数量	[1]、[4] 和 [20]
排期	开发任务合适的排期	[1]

有许多研究探讨团队规模与生产力的关系。众所周知，更大的团队会带来成倍增长的沟通工作，进而导致生产力更低。因此，较新的敏捷软件开发方法通常建议团队规模为 7 人左右。

此外，项目需求稳定性一直是一些研究的主题。高度不稳定的需求会导致时间、工作量和预算超支、整体积极性下降、降低效率以及更多实施后的工作需要 [20]。同样，敏捷开发方法通过将开发周期缩短到几周来关注这个问题。

最后，项目的计划进度需要与实际要完成的工作相匹配。一些研究表明，日程安排太紧实际上会降低生产力。

结语

对于影响软件开发生产力的因素，我们的分类是极其多样性的。技术因素包括详细的产品因素（如执行时间限制）和一般的环境因素（如软件工具的使用）。软性因素从企业层面、团队层面、项目层面和个人层面进行研究。在一些特定的文章里，从业者有必要对其中每一个因素做更详细的研究。我们希望这一章可以作为在实践中提高生产力的出发点和检查表。

关键思想

下面是本章的主要思想。

- 影响软件开发生产力的主要因素可以总结为一个开发和管理人员清单。
- 关于生产力因素的一些相关研究已有数十年的历史。

致谢

非常感谢 Melanie Ruhe 之前就生产力和生产力因素进行的讨论。

补充说明：设计评审

这一章并不是一个完整的学术文献综述。相反，我们以我们之前的文献综述[1]为起点，在谷歌学术（Google Scholar）上进行了搜索和更新。为了进行分析，我们还重用了[1]中的搜索字符串以保持一致：software AND（productivity OR "development efficiency" OR "development efficiency" OR "development performance"）。

然而，与以往的评论不同，我们只看了谷歌学术（Google Scholar）2017年至2018年的前30个结果。在这些结果中，我们从实证研究中提取了所有新的相关的生产力因素。有些研究只是验证了列表中已经存在的因素，为保持本文简洁我们并没有使用这些研究。我们还注意到，大多数因素来自于更详细地研究这些因素的学术论文，旧文献综述[1]也将Boehm[6]和Jones[7]的著作作为基础。他们不是只研究某一个因素，而是用一组因素来研究生产力。

最后，我们抽取的学术研究也有局限性，比如其中一些研究使用人均小时代码行作为生产力的度量标准，这样度量起来很容易，却有个大问题，因为更多的代码并不一定就是好的。在很多情况下，只要满足客户的需求，代码其实越少越好。然而，我们决定不排除这些研究，因为它确定出来的因素可能也很有意思。

参考文献

[1] Wagner, Stefan and Ruhe, Melanie. "A Systematic Review of Productivity Factors in Software Development." In Proc. 2nd International Workshop on Software Productivity Analysis and Cost Estimation (SPACE 2008). Technical Report ISCAS- SKLCS-08-08, State Key Laboratory of Computer Science, Institute of Software, Chinese Academy of Sciences, 2008.

[2] Hernandez-Lopez, Adrian, Ricardo Colomo-Palacios, andAngel Garcia-Crespo. "Software engineering job productivity—a systematic review." *International Journal of Software Engineering and Knowledge Engineering* 23.03 (2013):387-406.

[3] T. DeMarco, T. Lister. *Peopleware. Productive Projects and Teams*. Dorset House Publishing, 1987.

[4] Trendowicz, Adam, Münch, Jürgen. "Factors Influencing Software Development Productivity-State

of the Art and Industrial Experiences." Advances in Computers, vol 77, pp. 185-241, 2009.

[5] Cataldo, Marcelo, James D. Herbsleb, and Kathleen M. Carley. "Socio-technical congruence: a framework for assessing the impact of technical and work dependencies on software development productivity." Proceedings of the Second ACM-IEEE international symposium on Empirical software engineering and measurement. *ACM*, 2008.

[6] B. W. Boehm, C. Abts, A. W. Brown, S. Chulani, B. K. Clark, E. Horowitz, R. Madachy, D. Reifer, and B. Steece. *Software Cost Estimation with COCOMO II*. Prentice-Hall, 2000.

[7] C. Jones. *Software Assessments, Benchmarks, and Best Practices*. Addison-Wesley, 2000.

[8] Lagerström, R., von Würtemberg, L.M., Holm, H., Luczak, O. Identifying factors affecting software development cost and productivity. Software Qual J (2012) 20: 395. https://doi.org/10.1007/s11219-011-9137-8.

[9] Tsunoda, M., Monden, A., Yadohisa, H. et al. Inf Technol Manag (2009) 10: 193. https://doi.org/10.1007/s10799-009-0050-9.

[10] Kautz, Karlheinz, Thomas Heide Johanson, and Andreas Uldahl. "The perceived impact of the agile development and project management method scrum on information systems and software development productivity." *Australasian Journal of Information Systems* 18.3 (2014).

[11] Cataldo, Marcelo, and James D. Herbsleb. "Coordination breakdowns and their impact on development productivity and software failures." *IEEE Transactions on Software Engineering* 39.3 (2013): 343-360.

[12] Cardozo, Elisa SF, et al. "SCRUM and Productivity in Software Projects: A Systematic Literature Review." EASE. 2010.

[13] Tan, Thomas, et al. "Productivity trends in incremental and iterative software development." Proceedings of the 2009 3rd International Symposium on Empirical Software Engineering and Measurement. *IEEE Computer Society*, 2009.

[14] Duhigg, Charles. "What Google learned from its quest to build the perfect team." *The New York Times Magazine* 26 (2016): 2016.

[15] Lemberg, Per, Feldt, Robert. "Psychological Safety and Norm Clarity in Software Engineering Teams." Proceedings of the 11th International Workshop on Cooperative and Human Aspects of Software Engineering. *ACM*, 2018.

[16] Graziotin, D., Wang, X., and Abrahamsson, P. 2015. Do feelings matter? On the correlation of affects and the self-assessed productivity in software engineering. *Journal of Software: Evolution and Process*. 27, 7, 467-487. DOI=10.1002/smr.1673. Available: https://arxiv.org/abs/1408.1293.

[17] Graziotin, D., Wang, X., and Abrahamsson, P. 2015. How do you feel, developer? An explanatory theory of the impact of affects on programming performance. PeerJ Computer Science. 1, e18. DOI=10.7717/peerj-cs.18. Available: https://doi.org/10.7717/ peerj-cs.18

[18] Graziotin, D., Fagerholm, F., Wang, X., & Abrahamsson, P. (2018). What happens when software developers are (un)happy. Journal of Systems and Software, 140, 32-47. doi:10.1016/ j.jss.2018.02.041. Available: https://doi.org/10.1016/j.jss.2018.02.041.

[19] Zahra Karimi, Ahmad Baraani-Dastjerdi, Nasser Ghasem- Aghaee, Stefan Wagner, Links between the personalities, styles and performance in computer programming, *Journal of Systems and Software*, Volume 111, 2016, Pages 228-241, https://doi.org/10.1016/j.jss.2015.09.011.

[20] D. Méndez Fernández, S. Wagner, M. Kalinowski, M. Felderer, P. Mafra, A. Vetroò, T. Conte, M.-T. Christiansson, D. Greer, C. Lassenius, T. Männistöö, M. Nayabi, M. Oivo, B. Penzenstadler, D. Pfahl, R. Prikladnicki, G. Ruhe, A. Schekelmann, S. Sen, R. Spinola, A. Tuzcu, J. L. de la Vara, R. Wieringa, Naming the pain in requirements engineering: Contemporary problems, causes, and effects in practice, *Empirical Software Engineering* 22(5):2298-2338, 2017.

[21] Ray, B., Posnett, D., Filkov, V., & Devanbu, P. (2014, November). A large scale study of programming languages and code quality in github. In Proceedings of the 22nd ACM SIGSOFT International Symposium on Foundations of Software Engineering (pp.155- 165). ACM.

[22] Jungst Kim, Richard de Dear, "Workspace satisfaction: The privacy-communication trade-off in open-plan offices," *Journal of Environmental Psychology* 36:18-26, 2013.

▌第 9 章　打扰对生产力的影响

Duncan P. Brumby（英国伦敦大学）

Christian P. Janssen（荷兰乌特勒支大学）　/ 文　　李涛 / 译

Gloria Mark（美国加州大学欧文校区）

关于打扰

还记得上一次工作被打断是什么时候吗？使用电脑来工作的人，几乎每隔几分钟就会被打断一次。IT 工作中这些连续不断的打扰 [16]，有些来自外部事件（例如，同事问你一个问题以及来自移动设备的消息提醒），有一些则来自工作自身（例如，在两个不同的计算机应用程序之间来回切换以完成一项任务）。最近对 IT 专业人士的观察研究发现，极端情况下，有些人甚至每隔 20 秒钟就会被打断一次 [38]。

考虑到现代工作场所中无处不在的打扰，研究人员开始关心这些对生产力的影响。这个问题已经有不少人研究过，他们使用不同的方法来研究在不同工作场所下产生的影响，从医院急诊室到开放式办公室。

在这一章中，我们简要概述三种被广泛采用并且互补的研究方法，具体如下。

© The Author(s) 2019

C. Sadowski and T. Zimmermann (eds.), *Rethinking Productivity in Software Engineering*,
https://doi.org/10.1007/978-1-4842-4221-6_9

- 受控实验，研究工作被打断到注意力恢复所花的时间以及由此而来的差错。

- 认知模型，通过理论框架来解释打扰所带来的破坏性。

- 观察研究，对人们在工作中遇到的各种打扰进行研究。

对于这三种研究方法，我们将分别解释其目的、为什么它与打扰的研究相关以及一些关键的发现。我们的目的不是对这一领域的所有研究进行全面回顾，而是介绍我们过去用这三种方法做的研究。感兴趣的读者可以进一步阅读相关研究报告 [28, 44, 45]。

受控实验

打扰是如何影响工作效率的呢？相关的研究由来已久。最早有记录的研究在 20 世纪 20 年代，当时的研究主要关注人们对前工作的记忆程度。在一系列实验中，Zeigarnik [50] 证实，对未完成的任务，人们能更好地记住细节，对已完成的任务，则记得不那么清楚。

随着计算机的发展，研究人员开始把关注点放在对任务表现和生产力有何影响的研究上。这种转变可能很大程度上来自人们对设计糟糕的计算机软件的不满，比如正在处理重要任务时，突然弹出电子邮件提醒或者软件升级提醒。这方面的系列实验旨在回答一个问题：计算机用户对提醒打扰的不满，是否会导致任务表现变糟？

实验目的

在回顾打扰实验中的主要结论之前，我们有必要花些时间了解这些实验的设计理念。实验的目的是验证某个假设。比如，人们在被受打扰的情况下是否比平常工作更慢？为了检验这个假设，研究人员会设置一些感兴趣的实验项（自变量），实验中采用的自变量是否可工作。研究人员想要知道这些实验项是否会影响产出（因变量），实验中度量的因变量是工作多快可以完成。

实验的目的是检验自变量和因变量之间的关系。为此，研究人员会设法控制此外的其他变量。因此，这一类实验通常会用一系列固定指令和任务来观察受试者行为的原因。

通过这种方式，研究人员希望可以分离出自变量是否对因变量有稳定的影响（比如，统计上显著可见）。如果这种影响存在，会在一系列重复的结果中多次被检测到。接下来，实验可以反复证实了打扰对于任务表现的负面影响。

一个典型的打扰实验

在一个典型的打扰实验中，研究人员会安排参与者完成一个设计好的任务。比如，参与者可能会被安排在电脑上下单买美味的甜甜圈[32]。任务的封面故事要对参与者的任务做一下背景介绍，这些介绍通常与研究领域相关。比如，海事领域的研究人员会要求参与者下造船的订单[46]，医疗领域的研究人员则会安排参与者下处方药的订单[18]。除了研究领域的差异之外，研究人员会给参与者详细的指引，并在参与者充分练习熟悉之后，才开始实验的主要部分。

在实验的主要环节，参与者需要通过指定的流程完成一系列任务（比如，下 10 个购买甜甜圈的订单）。当参与者在执行任务时，研究人员会不时打断他们，要求他们去做另一个任务。这些任务可能是去做一个心算题[32]，也可能是用鼠标来追踪屏幕上的光标[39]。在这些实验中的打断，都是研究人员精心安排的，参与者除了按要求被打扰时只能按要求切换任务之外别无选择。这样安排的原因是研究人员想知道打扰对主要任务的产出节奏和质量有哪些影响。

如何度量打扰对生产力所造成的破坏

针对这个问题，我们会研究打断对任务表现影响的度量方法。主要的度量对象是时间，参与者在处理完打断任务后恢复到主要任务所需的时间。这种基于时间的度量方式被称为恢复间歇[4, 45]。恢复间歇度量人们在被打断后重新恢复工作状态的时间间隔。恢复间歇越长反映出的效率降低越严重，即人们完成工作需要更长时间，把打断任务的执行时间刨除掉依然如此。通过恢复间歇反映出无谓的浪费，而这些浪费正是由任务打断和恢复执行造成的。

在过去的几年中，人们通过恢复间歇度量法，揭示了任务受到打扰后被迫中断的哪些特征更具有破坏性。一些实验研究长时间被打断是否比短时间被打断影响更大，结果表明，受打扰的时间越长，致更长的恢复期也越长 [19, 39]。另外一些研究则关注于不同时间点受到打扰时是否会发生不同的影响，结果表明，在任务的自然切换点，比如一个子任务完成时被打断，恢复期更短 [2, 7]。实验还发现，恢复期和的内容也有关系，和主任务相关的影响较弱，而完全不相关的打断任务破坏性更大 [17, 21]。我们接下来之所以需要有讨论恢复期，是由于任务被打断影响了人们对主任务内容的记忆。

打扰导致出错

任务被打断后恢复执行，会不会产生更多错误？此前的研究表明，工作被打断会增加出错的几率，任务中的关键部分会被重复执行或者干脆漏掉 [9, 32, 46]。这个发现也佐证了此前的研究观点，人们从打断中恢复的时候，会忘记此前任务的进展状态。

任务恢复的快慢和出错的几率之间，有没有什么联系呢？如前面提到的，研究人员普遍认为更长的恢复期代表效率降低越多，因为这表示浪费的时间也越多。然而，Brumby 等人的研究却发现，更长的恢复期会降低出错的几率。在打扰普遍存在的工作环境中，改进系统的设计来增加任务恢复的思考时间，具有重要的实践意义。基于这些发现，Brumby 等人开发了一个停工的功能，从打断中恢复工作状态的参与者可以看到主要任务的界面，却无法动手操作。这一功能显著降低了恢复过程中出错的几率，用户在从打断任务中恢复过来的时候，先在认知上恢复状态，以免稀里糊涂地出错。

走出实验室的受控实验

在批评受控实验的声音中，有一种说法是，这些精心设计的实验和实际工作环境相差太远，人们在实际工作中并不会这样。换句话说，这是批评我们的实验缺乏生态效度，因为现实中一些重要因素的影响，并没有被纳入实验。这种担忧很重要，这意味拿掉实验室的各种受控条件后，实验结果的实效性有限，甚至完全没有实用价值。

中断实验研究怎么会缺乏生态效度呢？这些实验完全是在受控环境中进行的，研究人员移除了其中会打扰和分散参与者注意力的因素，比如参与者会被要求关手机以免在实验中被意外打扰。这样做的初衷是保证各种打扰和时机都是受控的，以便分析对任务的影响。搞笑的是，这些控制的欲望反而成了实验生态效度的大敌。因为在现实环境中，打扰并非如实验中那样强制安排，而是可以自由决定的。比如，对于弹出的邮件提醒，可以处理，也可以忽略。而实验室中强制的打断安排，无法捕捉到它所产生的影响。

为了消除对生态效度不高的担心，Gould 等人 [18] 的方法放松对实验的环境控制来研究日常中的打扰如何影响任务表现。为此，Gould 等人用亚马逊劳务众包平台 AmazonMechanical Turk* 来托管实验。和以往的打断实验一样，参与者被要求在浏览器页面下单购买处方药。不同的是，参与者在日常环境中完成实验，可能在办公室、咖啡馆或者家里。这些环境中充满日常打扰和各种分心的事情。另外，众包系统的用户，包括 Amazon Mechanical Turk 的用户，通常都是同时并行多个任务。实验设计中鼓励参与者完成更多的工作以获取更高的报酬。这意味着各个任务都在竞争参与者的注意力。

Gould 等人在这个实验中发现，参与者每 5 分钟就会切换一次任务。他们通过窗口切换事件和任务流程中断来记录这些切换。这些打扰并非研究人员插入，而是参与者的自主选择。有趣的是，这个实验中的打扰频率和观察研究方法得到的打断频率一致 [16]。尽管这些打扰看起来都很短，平均只有 30 秒钟上下，Gould 等人研究发现这足以对主任务产生负面影响。被打扰更频繁的参与者，在去除主任务之外的时间后，在任务完成速度上也表现得更慢。这一点我们是从操作界面后台记录数据上分析得出的，并不是观察结果。Gould 等人的研究在受控实验和观察研究之间搭建了一座桥梁，为日常场景下打扰所产生的破坏性提供了证据，这些来源于生活的数据比受控实验中的数据更有说服力。

结语：受控实验

在受控实验中，研究人员证明从任务中断中恢复需要花时间，并且会导致出错。受控实验为系统的检验自变量（比如任务中断时长）和因变量（比如中断后的恢复期）之间的影响，提供了实证研究方法。这些研究成果兼具理论价值和实用价值。

---

* 中文版编注：成立于 2005 年众包网站，为人们提供微任务工作机会。到 2022 年，美国有近 100 万人（称为 Turkers）通过这种方式来完成人工智能任务（HIT），发布任务的团体称为 Requesters，每项任务的佣金为 20% ~ 40%。

在实用价值方面，基于对中断破坏性的分析，可以对中断进行干预。比如，Brumby 等人 [9] 研究发现，过快从中断切换回主任务，更容易产生错误。因此，可以在交互界面上开发停工机制以免用户过快切回主任务，以这种方式来降低错误率。

在理论价值方面，实验结果支持了恢复间歇研究方向的理论发展。是什么机制导致了恢复期是怎么来的？如何解释这种现象？接下来，我们将关注于如何到使用认知模型方法来研究这些问题。

认知模型

实验研究发现，其中的数据可以用于发展研究人们行为和思考理论。认知模型可以用于处理实验中积累的知识，并以形式化的方法进行描述（比如数学公式），并用于预测未来的情况。比如，数学模型可以基于中断时长来预测产生错误的概率 [4, 7]。换句话说，认知模型可以帮助解释打扰是怎样产生破坏性的以及它的影响如何。

什么是认知模型

认知模型的一大特征是可以做出准确的预测（比如计算数据）、给定输入（比如脱离主任务的时间）、输出预测结果（比如产生错误的概率）并以形式化的方式描述输入输出之间的转换关系（比如软件跟踪人们遗忘的过程）。研究中断和多任务的概念理论还有很多，这些理论对行为和思想研究都有一些洞察，共同缺点在于或是三个组成部分（输入、输出和转换过程）不够完备，或是描述不够精确，因此，缺乏足够的细节输入来给出精确的预测结果。

认知模型的价值在于能够对行为和思想细节进行预测。认知模型的目的是预测人们的想法，通过发现细节并将这些细节开放出来用于科学争论 [40]。举例来说，目标记忆遗忘理论被广泛应用于解释打扰实验的结果 [4]，该模型可用于预测任务被中断后的恢复时长。模型中的数学公式引申自心理学理论，基于记忆强度判断在中断之后人们回忆起主任务内容的速度。模型的价值在于对恢复间歇的预测能力。对记忆恢复的通用理论研究，帮助该模型解释了恢复间歇的产生机制（其实就是遗忘）。

受目标记忆理论的启发，研究人员通过多种途径来持续改进该理论。包括用于预测打软扰所导致的错误[46]、预测任务切换下的任务表现[3]以及对并发多任务的表现进行预测[7]。模型初始化工作至关重要，通过明确遗忘理论的细节，研究人员可以预测记忆对其他因素的影响，这些预测可以在随后进行验证。最终，这些新的实验进一步改进理论，并且拓宽了人们对打断恢复认知机制的理解。

认知模型的价值在于细节，细节也恰恰是认知模型的软肋。在使用模型来预测新的任务之前，研究和实践人员需要提前定义清楚细节。为了准备好这些细节，还需要充分了解模型框架及其中的细节。这对多人来说并不现实。

不过幸运的是，在人机交互研究长期的演进中产生了很多工具，借助于这些工具，可以完成预测所需的细节设置，其中包括驾驶这样的动态场景[8, 43]。并不是每一种预测都需要输入所有的细节。比如，近期 Fong、Hettinger and Ratwani 的研究中，基于目标记忆理论背后的数学公式成功预测了急诊室医生日常工作被打断之后恢复原有任务的概率。

认知模型用于打扰对生产力的影响

目标记忆理论模型的主要发现之一是，中断时间越长，出错几率越大，其中还包括忘记恢复任务（在一些特定场景下，模型可以给出更具体、准确的预测）。这些研究工作表明，避免任务被打断是有价值的。

这些模型同样可以用理解人们自主性工作中打断。此前的研究发现，人们会自主中断任务，每几分钟就在不同的活动之间切换一次[16, 18]。比如，IT 人员在工作的同时有规律地查看电子邮件，不时在两个的应用窗口之间来回切换。任务切换的频率多高呢？

在我们的研究中，使用认知模型来检验任务要求对切换策略的影响（比如，在当前任务切换之前保持专注的时长）。我们设计了一个双任务实验，任务之一是动态控制任务，另一个是输入文字[13, 26, 27]。我们使用认知模型来识别最佳精力分配策略，并与观察实验中参与者的实际选择做比对。通过反复实验，我们发现参与者能够以非常快的速度做出精力分配策略的最佳选择。从中我们发现，在给定任务重要性排序的前提下，人们非常擅长处理多任务。在这项研究工作中，认知模型是不可或缺的，可以通过它来识别最佳的切换策略，如果没有认知模型，就无法对人们提供一个客观的依据来对比多任务时的表现对提供客观基准。

结语：认知模型

通过建立数学模型和模拟计算，认知模型发展了我们对于打扰所具破坏性的产生机制和影响途径的理解，同时也将打扰对任务表现的影响之设想推向实践检验。在这一系列的研究中，目标记忆理论展现出相当的重要性。其核心观点在于，人们在处理中断任务时，会忘掉此前在做什么。任务的恢复包括对任务内容记忆的恢复。把这个过程视为记忆提取过程，目标任务理论可以借助于更多人类记忆能力方面的研究成果。在实际工作中，认知模型既可以用于解释现有数据，也可以用于预测新场景和新情况。

观察研究

三种研究方法中，受控实验和认知模型都是在控制其他要素的前提下检验特定变量的影响，观察研究（也称"现场研究"）则提供了生态效度。例如，在实验室中对打扰的研究，可能只关注某种类型的打扰对单个任务被打扰的影响。在现实世界中，人们通常都处在多任务之中，并受多种来源的打扰。现场研究可以解释人们行为背后的原因（比如，人们为什么会这样做）。同时也是对生态效度泛化能力进行的折衷。观察研究非常消耗人力，因此研究的范围和规模也受到了制约。现在，随着传感器技术的革命和可穿戴设备的发展，现场研究也采用这些新技术来进行更大规模的实验。尽管如此，传感器技术依然制约着可观察的对象以及我们对数据的解读。

工作场合的观察研究

大多数对打扰的现场研究都是在工作场合进行的。工作场合可以是动态的，打断来源各种各样，有的来自人（同事、电话和随机的交谈），有的来自电脑和智能电话提醒（比如邮件、社交媒体和短信）。打断也可能来自个体自身（比如走神儿 [37]）。

对很多 IT 从业者而言，持续的中断和碎片化的工作时间往往是常态 [12, 33, 38]。通过近距离的现场观察，研究人员发现人们平均每 3 分钟就会切换一次活动（交谈，在电脑上工作和打电话）。在更宏观一些的层面看，活动可以汇聚成任务或者"工作氛围"，其中的打断和切换大概 11 分钟发生 1 次[16]。任务时长和中断时长之间存在正相关关系，即任务越长，中断越长。当如果是午间休息，持续时间长一点的打扰可以帮人们恢复精力[47]。

在工作场合中，观察发现人们自我中断的频率和来自电话、同事进出办公室的打断频率相当[16, 33]。十多年前进行的现场研究表明，大多数的自我打扰都和面对面沟通有关。大多数外部中断也都是来自于其他人的动作，而非邮件通知或者语音留言。最近几年，随着社交媒体在工作场合变得流行，工作场合的自我中断和外部打扰触发机制也在发生改变。

打扰带来的收益和损失

打扰可以带来损失，也可以产生收益。Czerwinski[12] 等人在工作场所的日记式研究，展示了 IT 工作者的工作场景如何因为打扰而持续发生变化。对公司经理层的研究则表明，尽管打扰具有破坏性，经理们仍然赞同打扰所带来的价值，因为打扰会传递工作相关的有用信息[20]。在社交媒体和在线的微打扰为工作提供各种收益的同时，现场研究发现这些因素所造成的工作场景变化也提出了新的挑战。

通常，打扰会破坏对任务的专注，当打扰的发生时机和任务的自然中断时机不一致时，带来的损失会更大。外部打扰使得 IT 工作者进入一个"分心链条"，链条中的阶段包括准备、转移和恢复，整个恢复过程占用了主任务的时间[22]。在关闭手机提醒的一周时间里，参与者报告称这令他们的注意力更加集中[31]。在电脑上来回切换任务会带来另外一个问题，那就是产生更强烈的焦虑[34]。人们已经习惯于工作场所中持续不断的面对面打扰，娴熟地处理线上交流所产生的各种打扰[48]。

工作场所中的打扰也会产生收益。更长时间的中断（中间休息），比如在工作时间走动一下，有研究表明是可以提高工作专注度和创造性的[1]。观察研究发现，人们通过访问多种社交媒体和新闻站点来做一些工作中的休息调整[29]。然而，越来越多的工作场所发布规定，限制人们在工作时间访问社交媒体[41]，这可能会影响人们在工作间歇放松精神。

焦虑、个体差异和打扰

一些研究分析了焦虑和打扰之间的关系。Kushlev and Dunn[30] 的研究重点关注邮件提醒的影响，结果表明，通过限制检查邮件的次数，可以显著降低焦虑。另一个工作场所的现场研究则发现，关掉电子邮件（因此降低内外部打断）也可以显著缓解焦虑[36]。关掉智能手机提醒可以显著减少分析和多动症状[31]。现场研究还发现，在关掉邮件提醒之后，人们会提高主动检查邮件的频率，因为关了邮件提醒之后不清楚是否有新邮件[23]。有理论表明，更多任务和更多被打断的人，在过滤无关刺激的能力上也更弱[11]。其他的个体差异也有研究，比如神经质的人任务切换也更加频繁[35]。

生产力

现场研究表明，高频的任务切换会降低生产力[34, 38]。相关的解释有多个，其中包括因为打扰而造成认知资源减少，任务从打扰中恢复需要时间以及多任务并行的做事风格并不为多数人认同。

处理打扰的策略

观察研究表明，人们会通过策略来管理打扰。尽管大多数人希望按顺序工作（不间断地从头到尾做完一件事[5]），但实际工作却要求人们要并行好几件事情（比如在不同的任务之间切换）。观察发现，由于已经习惯于工作场所中有各种各样的干扰，人们会发展出自己的策略来应对工作环境中不可预知的打扰。参与者会记下任务的信息，比如通过即时贴、收件箱（给自己发邮件）或者其他的计划管理程序记录，并每天更新[16]。这里的主要问题是，传统的计划管理程序并不是为"打扰恢复"这种细粒度场景所设计的。

研究人员也通过技术手段来检测人们何时适合接受打扰，希望借此来减少打扰所造成的时间损失。研究表明，这是可行的，通过技术手段可以预测认知状态进而判断何时适合打扰，这样可以降低紧张感，减少恢复工作时的心力损失。

结语：观察研究

观察研究记录了人们在实际工作场所中遇到的各种打扰。这些研究所需要的资源甚多，因此只在工作场所复杂且群体数量较小的研究中应用。经过这些研究，我们认识到打断是工作中普遍存在的现象。这些打扰反映了工作本身的碎片化特征：人们一天之中要处理多个任务和活动，因此不可避免要持续切换。人们同时在寻求和别人的互动，要么通过面对面的方式和同事沟通，要么通过社交媒体或者电子邮件来沟通。和打扰实验中的结果一致的是，观察研究也发现频繁打扰会导致参与者感觉效率降低。尽管如此，工作中还是需要有规律的休息，休息过后再回到工作状态令人感觉精力充沛，更有干劲。

关键发现

我们对打扰研究领域中三种主流且互补的方法进行了简要的介绍：受控实验、认知模型和观察研究。这三种不同的方法提供了内在一致的模型来帮助我们理解打扰对效率的影响。

关键发现包括以下几点。

- 工作从被打扰到恢复，需要花时间，会出错。
- 短时间打扰比长时间打扰的破坏性更小。
- 任务自然节点上发生的打扰破坏性更小。
- 和当前任务相关的打扰破坏性更小。
- 过快从打扰恢复到工作状态容易出错。
- 恢复间歇的各种特点都可以通过潜在的记忆恢复过程来解释。
- 自我打扰频率几乎和来自外部的打扰一样高。
- 人们经常出于多任务并行状态，自我打扰对保持多任务并行推进意义重大。
- 打扰会造成焦虑，电子邮件所产生的打扰尤其明显。

- 打断为精力恢复提供了重要的机会，长时间工作后需要长时间的休息。

关键思想

这一章介绍三种研究方法收益和挑战，需要记住以下主要思想。

- 受控实验是为检验特定假设而设计的，实验设计本身就很挑战，此方法产生的研究结果具有生态效度。
- 认知模型为解释事情发生的原因即影响途径提供了理论框架（如打扰对效率的影响），但模型复杂，开发起来也很困难。
- 观察研究为活动研究提供了丰富的素材，但这些研究很耗费资源，也会因产生的数据过多而变得难以理解。

致谢

感谢英国工程和物理科学研究委员会对本项目的支持：EP/G059063/1 和 EP/L504889/1。感谢欧盟居里夫人基金会的支持：H2020–MSCA–IF–2015 705010，感谢美国国家科学基金会的支持：#1704889。

参考文献

[1] Abdullah, S., Czerwinski, M., Mark, G., & Johns, P. (2016). Shining(blue) light on creative ability. In Proceedings of the 2016 ACM International Joint Conference on Pervasive and Ubiquitous Computing (UbiComp '16). ACM, New York, NY, USA, 793-804. DOI: https://doi.org/10.1145/2971648.2971751.

[2] Adamczyk, P. D., & Bailey, B. P. (2004). If not now, when?: the effects of interruption at different moments within task execution. In Proceedings of the SIGCHI Conference on Human Factors in Computing Systems (CHI '04). ACM, NewYork, NY, USA, 271-278. DOI: https://doi.org/10.1145/985692.985727.

[3] Altmann, E., & Gray, W.D. (2008). An integrated model ofcognitive control in task switching. Psychological Review, 115, 602-639. DOI: https://doi.org/10.1037/0033- 295X.115.3.602.

[4] Altmann, E., & Trafton, J.G. (2002). Memory for goals: an activation-based model. Cognitive Science, 26, 39-83. DOI: https://doi.org/10.1207/s15516709cog2601_2.

[5] Bluedorn, A.C., Kaufman, C.F. and Lane, P.M. (1992). How many things do you like to do at once? An introduction to monochronic and polychronic time. The Executive, 6(4), 17-26. DOI: http://www.jstor.org/stable/4165091.

[6] Boehm-Davis, D.A., & Remington, R.W. (2009). Reducing the disruptive effects of interruption: a cognitive framework for analysing the costs and benefits of intervention strategies. Accident Analysis & Prevention, 41, 1124-1129. DOI: https://doi.org/10.1016/j.aap.2009.06.029.

[7] Borst, J.P., Taatgen, N.A., & van Rijn, H. (2015). What makes interruptions disruptive?: a process-model account of the effects of the problem state bottleneck on task interruption and resumption. In Proceedings of the 33rd Annual ACM Conference on Human Factors in Computing Systems (CHI '15). ACM, NewYork, NY, USA, 2971- 2980. DOI: https://doi.org/10.1145/2702123.2702156.

[8] Brumby, D.P., Janssen, C.P., Kujala, T., & Salvucci, D.D. (2018). Computational models of user multitasking. In A.Oulasvirta, P.Kristensson, X.Bi, & A.Howes (eds.) *Computational Interaction Design. Oxford*, UK: Oxford University Press.

[9] Brumby, D.P., Cox, A.L., Back, J., & Gould, S.J.J. (2013). Recovering from an interruption: investigating speed-accuracy tradeoffs in task resumption strategy. *Journal of Experimental Psychology: Applied*, 19, 95-107. DOI: https://doi.org/10.1037/a0032696.

[10] Card, S.K., Moran, T., & Newell, A. (1983). Psychology of Human-Computer Interaction. Hillsdale, NJ: Lawrence Erlbaum Associates.

[11] Carrier, L.M., Rosen, L.D., Cheever, N.A., & Lim, A.F. (2015).Causes, effects, and practicalities of everyday multitasking. Developmental Review, 35, 64-78. DOI: https://doi.org/10.1016/j.dr.2014.12.005.

[12] Czerwinski, M., Horvitz, E., & Wilhite, S. (2004). A diary study of task switching and interruptions. In Proceedings of the SIGCHI Conference on Human Factors in Computing Systems (CHI '04). ACM, NewYork, NY, USA, 175-182. DOI: https://doi.org/10.1145/985692.985715.

[13] Farmer, G.D., Janssen, C.P., Nguyen, A.T. and Brumby, D.P. (2017). Dividing attention between

tasks: testing whether explicit payoff functions elicit optimal dual-task performance. Cognitive Science. DOI: https://doi.org/10.1111/cogs.12513.

[14] Fogarty, J., Hudson, S.E., Atkeson, C.G., Avrahami, D., Forlizzi, J., Kiesler, S., Lee, J.C., & Yang, J. (2005). Predicting human interruptibility with sensors. ACM Transactions on Computer- Human Interaction, 12, 119-146. DOI: https://doi.org/10.1145/1057237.1057243.

[15] Fong, A., Hettinger, A.Z., & Ratwani, R.M. (2017). A predictive model of emergency physician task resumption following interruptions. In Proceedings of the 2017 CHI Conference on Human Factors in Computing Systems (CHI '17). ACM, NewYork, NY, USA, 2405-2410. DOI: https://doi.org/10.1145/3025453.3025700.

[16] González, V.M., & Mark, G.J. (2004). "Constant, constant, multitasking craziness: managing multiple working spheres. In Proceedings of the SIGCHI Conference on Human Factors in Computing Systems (CHI '04). ACM, NewYork, NY, USA, 113-120. DOI: https://doi.org/10.1145/985692.985707.

[17] Gould, S.J. J., Brumby, D.P., & Cox, A.L. (2013). What does it mean for an interruption to be relevant? An investigation of relevance as a memory effect. In Proceedings of the Human Factors and Ergonomics Society Annual Meeting, 57, 149-153. DOI: https://doi.org/10.1177/1541931213571034.

[18] Gould, S.J. J., Cox, A.L., & Brumby, D.P. (2016). Diminishedcontrol in crowdsourcing: an investigation of crowdworker multitasking behavior. ACM Transactions on Computer- Human Interaction, 23, Article 19. DOI: https://doi.org/10.1145/2928269.

[19] Hodgetts, H.M., & Jones, D.M. (2006). Interruption of the Tower of London task: Support for a goal activation approach. Journal of Experimental Psychology: General, 135, 103-115. DOI: https:// doi.org/10.1037/0096-3445.135.1.103.

[20] Hudson, J.M., Christensen, J., Kellogg, W.A., & Erickson, T. (2002). "I'd be overwhelmed, but it's just one more thing to do: availability and interruption in research management. In Proceedings of the SIGCHI Conference on Human Factors in Computing Systems (CHI '02). ACM, NewYork, NY, USA, 97-104. DOI: https://doi.org/10.1145/503376.503394.

[21] Iqbal, S.T., & Bailey, B.P. (2008). Effects of intelligent notification management on users and their tasks. In Proceedings of the SIGCHI Conference on Human Factors in Computing Systems (CHI' 08). ACM, NewYork, NY, USA, 93-102. DOI: https://doi.org/10.1145/1357054.1357070.

[22] Iqbal, S.T., & Horvitz, E. (2007). Disruption and recovery of computing tasks: field study, analysis, and directions. In Proceedings of the SIGCHI Conference on Human Factors in Computing Systems (CHI '07). ACM, NewYork, NY, USA, 677-686. DOI: https://doi.org/10.1145/1240624. 12407302007.

[23] Iqbal, S.T., & Horvitz, E. (2010). Notifications and awareness: a field study of alert usage and preferences. In Proceedings of the 2010 ACM conference on Computer supported cooperative work (CSCW '10). ACM, NewYork, NY, USA, 27-30. DOI: https://doi.org/10.1145/1718918.1718926.

[24] Iqbal, S.T., Adamczyk, P.D., Zheng, X.S., & Bailey, B.P. (2005). Towards an index of opportunity: understanding changes in mental workload during task execution. In Proceedings of the SIGCHI Conference on Human Factors in Computing Systems (CHI '05). ACM, NewYork, NY, USA, 311-320. DOI: https://doi.org/10.1145/1054972.1055016.

[25] Iqbal, S.T., & Bailey, B.P. (2010). Oasis: A framework for linking notification delivery to the perceptual structure of goal-directed tasks. ACM Transactions on Computer- Human Interaction, 17, Article 15. DOI: https://doi.org/10.1145/1879831.1879833.

[26] Janssen, C.P., & Brumby, D.P. (2015). Strategic adaptation to task characteristics, incentives, and individual differences in dual-tasking. PLoS ONE, 10(7), e0130009. DOI: https://doi.org/10.1371/journal.pone.0130009.

[27] Janssen, C.P., Brumby, D.P., Dowell, J., Chater, N., & Howes, A. (2011). Identifying optimum performance trade-offs using a cognitively bounded rational analysis model of discretionary task interleaving. Topics in Cognitive Science, 3, 123-139. DOI: https://doi.org/10.1111/j.1756-8765.2010.01125.x.

[28] Janssen, C.P., Gould, S.J., Li, S.Y. W., Brumby, D.P., & Cox, A.L. (2015). Integrating knowledge of multitasking and Interruptions across different perspectives and research methods. International Journal of Human-Computer Studies, 79, 1-5. DOI: https://doi.org/10.1016/j.ijhcs.2015.03.002.

[29] Jin, J., & Dabbish, L. (2009). Self-interruption on the computer: a typology of discretionary task interleaving. In Proceedings of the SIGCHI Conference on Human Factors in Computing Systems (CHI '09). ACM, NewYork, NY, USA, 1799-1808. DOI: https:// doi.org/10.1145/1518701.1518979.

[30] Kushlev, K., & Dunn, E.W. (2015). Checking e-mail less frequently reduces stress. Computers in Human Behavior, 43, 220-228. DOI: https://doi.org/10.1016/j.chb.2014.11.005.

[31] Kushlev, K., Proulx, J., & Dunn, E.W. (2016). "Silence Your Phones: smartphone notifications increase inattention and hyperactivity symptoms. In Proceedings of the 2016 CHI Conference on Human Factors in Computing Systems (CHI '16). ACM, NewYork, NY, USA, 1011-1020. DOI: https:// doi.org/10.1145/2858036.2858359.

[32] Li, S.Y. W., Blandford, A., Cairns, P., & Young, R.M. (2008). The effect of interruptions on postcompletion and other procedural errors: an account based on the activation- based goal memory model. Journal of Experimental Psychology: Applied, 14, 314-328. DOI: https://doi.org/10.1037/a0014397.

[33] Mark, G., González, V., & Harris, J. (2005). No task left behind?: examining the nature of fragmented work. In Proceedings of the SIGCHI Conference on Human Factors in Computing Systems (CHI '05). ACM, NewYork, NY, USA, 321-330. DOI: https://doi.org/10.1145/1054972.1055017.

[34] Mark, G., Iqbal, S.T., Czerwinski, M., & Johns, P. (2015). Focused, aroused, but so distractible: temporal perspectives on multitasking and communications. In Proceedings of the 18th ACM Conference on Computer Supported Cooperative Work & Social Computing (CSCW '15). ACM, NewYork, NY, USA, 903-916. DOI: https://doi.org/10.1145/2675133.2675221.

[35] Mark, G., Iqbal, S., Czerwinski, M., Johns, P., & Sano, A. (2016). Neurotics can't focus: an in situ study of online multitasking in the workplace. In Proceedings of the 2016 CHI Conference on Human Factors in Computing Systems (CHI '16). ACM, NewYork, NY, USA, 1739-1744. DOI: https://doi.org/10.1145/2858036.2858202.

[36] Mark, G., Voida, S., & Cardello, A. (2012). "A pace not dictated by electrons: an empirical study of work without e-mail. In Proceedings of the SIGCHI Conference on Human Factors in Computing Systems (CHI '12). ACM, NewYork, NY, USA, 555-564. DOI: https://doi.org/10.1145/2207676.2207754.

[37] Mason, M.F., Norton, M. I., Van Horn, J.D., Wegner, D.M., Grafton, S.T., & Macrae, C.N. (2007). Wandering minds: the default network and stimulus-independent thought. Science, 315(5810), 393-395. DOI: https://doi.org/10.1126/science.1131295.

[38] Meyer, A.N., Barton, L.E., Murphy, G.C., Zimmerman,T., & Fritz, T. (2017). The work life of developers: activities, switches and perceived productivity. IEEE Transactions on Software Engineering, 43(12), 1178-1193. DOI: https://doi.org/10.1109/TSE.2017.2656886.

[39] Monk, C.A., Trafton, J.G., & Boehm-Davis, D.A. (2008). The effect of interruption duration and demand on resuming suspended goals. Journal of Experimental Psychology: Applied, 14, 299-313. DOI: https://doi.org/10.1037/a0014402 .

[40] Newell, A. (1990). *Unified Theories of Cognition*. Cambridge, MA: Harvard University Press.

[41] Olmstead, K., Lampe, C., & Ellison, N. (2016). Social media and the workplace. Pew Research Center. Retrieved from http:// www.pewinternet.org/2016/06/22/social- media- and-theworkplace/.

[42] Rouncefield, M., Hughes, J.A, Rodden, T., & Viller, S. (1994). Working with "constant interruption: CSCW and the small office. In Proceedings of the 1994 ACM conference on Computer supported cooperative work (CSCW '94). ACM, NewYork, NY, USA, 275- 286. DOI: https://doi.org/10.1145/192844.193028.

[43] Salvucci, D.D. (2009). Rapid prototyping and evaluation of invehicle interfaces. Transactions on Computer-Human Interaction, 16, Article 9. DOI: https://doi.org/10.1145/1534903.1534906.

[44] Salvucci, D.D., & Taatgen, N.A. (2011). *The Multitasking Mind*. NewYork, NY: Oxford University Press.

[45] Trafton, J.G., & Monk, C.M. (2008). Task interruptions. In D.A. Boehm-Davis (Ed.), Reviews of human factors and ergonomics (Vol. 3, pp.111-126). Santa Monica, CA: Human Factors and Ergonomics Society.

[46] Trafton, J.G., Altmann, E.M., & Ratwani, R.M. (2011). A memory for goals model of sequence errors. Cognitive Systems Research, 12, 134-143. DOI: https://doi.org/10.1016/j.cogsys.2010.07.010.

[47] Trougakos, J.P., Beal, D.J., Green, S.G., & Weiss, H.M. (2008). Making the break count: an episodic examination of recovery activities, emotional experiences, and positive affective displays. Academy of Management Journal, 51, 131-146. DOI: https://doi.org/10.5465/amj.2008.30764063.

[48] Webster, J., & Ho, H. (1997). Audience engagement in multi-media presentations. SIGMIS Database 28, 63-77. DOI: https://doi.org/10.1145/264701.264706.

[49] Wickens, C.D. (2008). Multiple resources and mental workload. Human Factors, 50, 449- 455. DOI: https://doi.org/10.1518/001872008X288394.

[50] Zeigarnik, B. (1927). Das Behalten erledigter und unerledigter Handlungen. Psychologische Forschung, 9, 1-85. Translated in English as: Zeigarnik, B. (1967). On finished and unfinished tasks.

In W.D. Ellis (Ed.), A sourcebook of Gestalt psychology, NewYork: Humanities press.

[51] Züger, M., & Fritz, T. (2015). Interruptibility of software developers and its prediction using psycho-physiological sensors. In Proceedings of the 33rd Annual ACM Conference on Human Factors in Computing Systems (CHI '15). ACM, NewYork, NY, USA, 2981- 2990. DOI: https://doi.org/10.1145/2702123.2702593.

[52] Züger, M., Corley, C., Meyer, A.N., Li, B., Fritz, T., Shepherd, D., Augustine, V., Francis, P., Kraft, N., & Snipes, W. (2017). Reducing Interruptions at Work: A Large-Scale Field Study of FlowLight. In Proceedings of the 2017 CHI Conference on Human Factors in Computing Systems (CHI '17). ACM, NewYork, NY, USA, 61-72. DOI: https://doi.org/10.1145/3025453.3025662.

第 10 章 软件开发人员的幸福感与生产力

Daniel Graziotin（德国斯图加特大学）

/ 文   李辉 / 译

Fabian Fagerholm（瑞典理工大学 & 芬兰赫尔辛基大学）

如今，一些软件公司往往通过提供额外津贴、娱乐室、免费早餐、远程办公以及公司附近的体育设施等方式来提升软件开发人员的幸福感，基本思路是想要获得投资回报，据推测，有幸福感的开发人员往往生产力更高，同时留任的意愿也更高。

但是，有幸福感等同于生产力更高吗？ * 此外，额外津贴是否可以使开发人员幸福感更强？ 开发人员完全满意吗？ 不论是从生产力本身出发，还是从可持续性的软件开发以及工作环境的舒适度等角度出发，这些问题都非常重要。

本章概述我们对软件开发人员幸福感的研究。您将了解使软件开发人员有幸福感的重要性、他们真实的快乐程，、他们感到不快乐的原因及其开发软件时对生产力的期望。

在我们的研究中，我们认为，软件开发人员是"出于任何目的（包括工作、学习、业余爱好或热情）而关注软件构建过程的任何方面（例如研究、分析、设计、编码、测试或管理活动）的人。"[4, p.326]。我们还将"软件开发人员"和"软件工程师"换用，以免重复太多。

---

* 中文版编注：更多详情可参见《幸福领导力》，作者尤尔根·阿佩罗。

© The Author(s) 2019

C. Sadowski and T. Zimmermann (eds.), *Rethinking Productivity in Software Engineering*,

https://doi.org/10.1007/978-1-4842-4221-6_10

为什么要高薪招募有幸福感的软件工程师

我们可以认为，幸福感是一个个人问题，每个开发人员都要自己负责。按照这个思路，软件公司应该专注于从每个开发人员那里获得最大化的产出。但是，要获得人们的生产性产出，我们首先要进行投资。软件开发人员的生产力取决于他们各自拥具有的各种技能与知识，但要获得这些技能与知识，我们需要创造各种有利条件来激发他们的潜力。如第 5 章所述，开发人员的满意度对生产力很重要，低满意度可能会导致未来的成本上升，因此，公司应该关注软件开发人员的整体舒适度。此外，我们认为还应该努力创建更好的工作环境、团队、流程以及产品。

什么是幸福感？如何量化

这是古代和现代哲学家在很多书中解答过的问题。然而，现在的研究确实使我们对幸福感和量化幸福感的方法有了一些具体的了解。我们将幸福感定义为一系列经验性事件（与其他许多人一样）。频繁的积极经历带来的是快乐，正是这些经历促进了积极情绪的积累。反之亦然，频繁的负面经历导致消极情绪的积累。幸福感是积极经验和负面经验之间的差异或平衡，这种平衡有时称为"情感平衡"。

积极经验和消极经验量表（SPANE[8]）是一种最新用于评估个人情感平衡（幸福感）的有效而可靠的方法。这种方法要求受访者报告他们在过去四个星期内用形容词表达情绪时的变化，因为，人们认为这些形容词描述的是情绪或心情。这一方法能在情感抽样的充分性与记忆的准确性之间取得平衡。各项得分的总和便是情感平衡（SPANE–B）得分，范围从 –24（极度不快乐）到 +24（极度快乐），其中 0 被认为是适中的幸福感。

快乐而富有成效的软件工程师是否有科学依据

虽然直觉认为幸福感对生产力和舒适度有促进作用，但这一观点仍然需要得到科学研究的支持。我们以前的研究表明，快乐的开发人员可以更好地解决问题[1]，这意味着个人情感与开发人员对个人生产力的自我评价有关 [2]，软件开发人员也正在呼吁对此领域进行研究 [5]。我们还提出了一种情感如何影响编程效率的理论 [3]：程序员的事件触发情感。这些情感可能会在开发人员的认知系统中有重要性和优先级，因此我们将称之为情感因素。情感因素与情感一起可能干扰程序员的注意力，从而影响他们的表现。从更大范围来看，我们的研究表明，情感是软件开发团队和组织绩效的重要组成部分 [11]。情感与团队认同感（即团队归属感）相关联，影响着凝聚力和社交氛围，反过来又作为一个关键因素影响团队绩效和团队成员的去留。

现在，我们将考虑以下四个重要且有挑战的问题。

- 软件开发人员的幸福感总体上如何？
- 是什么让他们感到快乐或不快乐？
- 他们感到快乐（或不快乐）时会发生什么？
- 快乐的开发人员生产力更高吗？

回答这些问题很有挑战，我们花了一年时间设计出一个全面研究报告 [4, 6] 来解决这些问题。我们需要足够多的软件开发人员提供数据，此外，在诸如年龄、性别、地理位置、工作状态和其他背景因素方面，我们还需要足够多样性的分布。我们以这样一种方式设计和开展问卷调查，使结果可以推广到整个软件开发人员群体（具有一定的容错性）。我们的问卷调查包含人口统计、SPANE 以及一些开放性问题，问开发人员在开发软件时的幸福感和痛苦感。我们要求他们描述最近具体的软件开发体验，是什么导致他们在那种情况下体验到他们的感受，以及他们的软件开发是否以任何方式受到相应影响，如果是，又如何？

我们一共获得 1318 个回答了所有问题的完整有效反馈。

软件工程师的幸福感如何

在图 10-1 中，可以看到 1318 名参与者的幸福感数据。

所有参与者的 SPANE-B 平均得分为 9.05，我们估计开发人员的真实平均幸福感得分在 8.69 到 9.43 之间，可信度为 95%。换句话说，大多数软件开发人员都感到比较幸福。

我们将统计结果与类似的研究（意大利工人、美国大学生、新加坡大学生、中国雇员、南非学生和日本大学生）进行比较。其他研究的结果均报告 SPANE–B 平均得分高于 0 但低于我们的。软件开发人员的确是一个略比较有幸福感的团体，并且根据其他各种人群的知识，他们比我们所预想的幸福。的确，这是个好消息，但仍有改进的空间。一些开发人员的 SPANE–B 得分为负，公开反馈中有很多不快东是可以避免的。

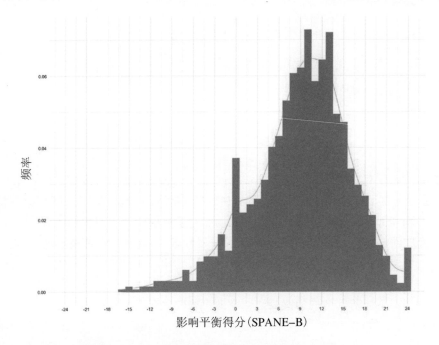

图 10-1　软件工程师的幸福感分布情况（SPANE-B 得分）

什么会使工程师感到不快乐

结束对 1318 名参与者的回答分析后，我们发现了 219 种不快乐的原因，这些原因在回答中被提到 2280 次 [4]。这里简要说明一下使开发人员感到不快乐的前三类情况。

受控于管理人员和团队负责人所导致的不快乐次数是其他个人原因的四倍。我们原本认为大多数原因与个人以及人际关系有关。但大多数却是来自于涉及工件（软件产品、测试、需求和设计文档、体系结构等）和过程的技术因素。这凸显了战略架构和员工队伍协调的重要性。

无法解决问题和时间极其有限，压力大是造成不快乐的第二个常见原因。这证实了尝试理解这些问题最新研究的重要性。我们认识到，在有限的期限内基本解决问题是软件开发的天性；我们无法避免在软件开发中解决问题。但是，当开发人员陷入困境并承受压力时，会感到难受，并且确实会引发一些有害的后果（请参阅本章的其余部分）。研究人员和管理人员应在此进行干预，以减少时间压力和卡住的有害影响。坚韧不拔的精神可能是软件开发人员培训的重要特征。另一个可能是如何改变思维定势来摆脱困境。

不快乐的第三个常见原因是使用的代码错误多，更具体地说是使用了错误的代码实践。开发人员在写烂代码时会感到不满，但在遇到本来可以避免的烂代码时，他们会感到极大的痛苦。正如问卷参与者所言，烂代码可能是旨在短期内节省时间和精力的管理决策的结果。其中还提到了第三方（例如同事、团队负责人或客户）类似的负面影响，这些第三方使开发人员对自己的工作感到不满，诸如被迫重复的简单任务以及对开发的种种限制。通过轮换任务，做出更好的决策以及实际听取开发人员反馈，可以避免许多负面后果。几个主要的原因与自我和其他方面的不足有关，这验证了与改善开发人员情感的干预措施有关的最新研究活动 [3]。

最后，我们还看到软件质量和软件结构信息需求相关因素是导致开发人员不满的重要因素。第 24 章显示了当前软件工具如何使开发人员信息过载，并说明了如何为开发人员个人、团队和组织解决这方面的问题。对开发工具和方法需要做更多的研究，这些工具和方法可以使软件团队中的交流和知识管理更加轻松，并可以在软件开发生命周期的所有阶段轻松地存储、检索和理解信息。

当软件工程师感到快乐（或不快乐）时，会有哪些表现

我们对开放式问题的答案进行了分类，发现了开发软件时感到幸福和不幸福的数十种

原因和后果 [4, 6]。研究的开发人员报告了不快乐的各种后果。如图 10-2 所示。每个主要后果都有一个象形图，分为内部后果和外部后果。如图所示，内部后果是针对开发人员的，直接针对开发人员本身并具有个人影响。外部后果是在开发人员个人之外产生的影响。它们可能会影响项目、开发过程或软件工件。

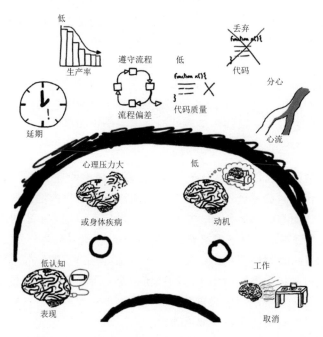

图 10-2　开发软件时不快乐的后果可以从 Graziotin 等人以 CC-BY 的形式获得 [16]

可见，软件工程师报告了一些与生产力相关的后果，甚至有些报告明确指出生产力下降。其他后果包括延期、流程有出入、低质量代码、丢弃代码以及中断项目中的流程。这些外部影响直接影响生产力和绩效。内部后果，例如消极怠工和认知能力下降，也间接影响生产力。辞职和焦虑，或者在最坏的情况下出现疾病的迹象，这些都是上述影响开发人员个人最严重的后果。

在本章中，值得详细介绍幸福和不幸福的后果，因为其中有几项与生产力相关，而生产力是后果最主要的类别。我们以有利于叙述的顺序（而不是以出现的频率）一一说明。

认知表现

我们发现，快乐或不快乐会影响与认知表现有关的几个因素。所谓认知表现，指的是我们如何有效地处理大脑中的信息。正如一位问卷参与者所说，幸福感影响着我们在编码过程中的专注度："[……]消极的情感导致我无法像没有挫败感那样清醒地思考。"反之亦然："我的软件开发受到了影响，因为我可以更加专注于自己的任务，并试图解决另一个问题。"由于快乐时专注度更高（不快乐时专注度更低），自然而然的结果就是解决问题的能力受到影响："我的意思是，当我不思考任何消极想法时，我可以快速写下代码并分析问题，几乎没有或没有不必要的错误。"开发软件时的快乐带来了更高的学习能力："这让我想要攻读一个计算机科学硕士学位，学习用有趣和巧妙的想法来解决问题。"然而，不快乐会导致精神疲劳，问卷参与者表示"感到沮丧和丢三落四"。

心流

问卷参与者提到不快乐是如何导致他们心流中断的。心流是由于任务相关技能和挑战处于平衡状态而引起的高度专注的状态（详情参阅第 23 章）。不满会导致开发人员心流中断，从而对研发流程产生不利影响。正如问卷参与者所说的那样，"诸如 [不幸] 之类的事情通常会导致漫长的延误或导致一个人退出心流状态，使他们难以继续工作。"快乐时，开发人员可以进入并持续保持心流状态。他们感到精力充沛，专注力强。在这种状态下，他们"意识不到时间的流逝"。他们可以"在一天余下的时间里持续写出好代码"，并且可以"用指尖在键盘上跳舞"一般"敲下一行行的代码"。心流与正念有关，详情参见第 25 章。

工作动机与辞职

问卷参与者经常提到动机。他们清楚指出，不快乐会影响到工作动机："[不快乐]使我感到非常愚蠢，导致我没有领导才能、没有参与研发的欲望，并且感到受人逼迫。"参与者还说，当他们快乐时，动机就会增强。

是否有幸福感是导致工作投入的原因，在问卷反馈中经常提到退出工作是不快乐的破坏性结果。退出是否是一类行为，定义为员工试图暂时或永久地将自己从日常工作任务中移除。我们发现退出工作的程度有所不同，有切换到另一项任务（" […] 您花了两个小时在谷歌上查询类似的问题以及如何解决这个问题，但没有任何发现，进而感到绝望。"），也有放弃软件开发工作（"我真的开始怀疑自己并开始质疑自己是否适合成为软件开发人员。"），甚至是辞职。另一方面，据报道，当受访者感到快乐时，就会有较高的工作投入和毅力。例如，这意味着要推进一项任务："我认为我更有动力在接下来的几个小时内更加努力地工作。"工作投入与动机稍有不同，前者致力于目标的实现，后者更侧重于为实现目标而付出的精力。

幸福感与软件工程师生产力有何关系

最后，问卷参与者直接提到不快乐如何阻碍他们的生产力提升。我们将所有与绩效和生产力损失相关的反馈做了分组，范围从简单明了（"生产力下降"和"［负面经历］无疑使我工作变慢"）到更加明确（"［不快乐］使提出解决方案或好的解决方案变得更加困难或不可能"）。不快乐还会导致流程活动延期："在两种情况下（负面经历），都会导致项目延期。"当然，参与者反馈快乐会导致高生产力："当我有这种［快乐］感觉时，可以写几个小时的代码""我觉得自己在快乐的时候生产力变高了"以及"我的心情越好，效率就越高"。下面是一位参与者的详细信息："我变得富有成效，专注并享受我的工作，而不会在代码中四处寻找来了解相关信息而造成时间上的浪费。"一个有趣的情况是，当开发人员感到快乐时，往往会执行额外的任务："我认为，当自己处于这种快乐状态时，更有生产力，越快乐，就越有可能完成我一直在逃避的任务。"另一方面，不快乐的开发人员可能有很多无效工作，甚至是造成破坏性影响。我们发现一些问卷参与者破坏了任务相关的代码库（"由于我有点生气，所以删除了正在写的代码"），甚至删除了整个项目（"我删除了整个项目，重新写似乎没有错误的代码"）。另一个有趣的方面是关于快乐的长期考虑："我发现当我感到［快乐］时，我在下一个任务上实际上会更有效率，并且我通常会为长期维护代码而做出更好的选择。［……］我更有可能清晰地注释代码。"

快乐的程序员生产力更高吗？

虽然我们已经说明很多关于幸福感和生产力的内容，但快乐的开发人员真的有更高的生产力吗？ 每当尝试显示因素 X 是否导致结果 Y 时，研究人员都会设计受控实验。受控实验试图使所有可能的因子（A，B，C，……）保持恒定，除了导致结果 Y 发生变化的因子（X）。可以在第 9 章中找到有关受控实验的更多信息。无论何时完全控制都是不可能的，我们称这些研究为准实验。

这是关于幸福感的研究课题：幸福感（或情绪和情感）的管理是一项挑战。原因之一是，完全控制的实验需要非常不道德的方式才能使不快乐的对照组真正感到不快乐。要求参与者记住悲伤的事件或显示令人沮丧的照片的影响可以忽略不计。尽管如此，我们还是建立了两个准实验来观察其中的一些相关性。

这些研究之一 [1] 受到了媒体的广泛关注。我们根据软件工程师根据自己的幸福度在分析（逻辑和数学）问题解决方面测试了关于智力（认知驱动）效果差异的假设。我们还想进行一项所有工具和度量均来自心理学研究并经过验证的研究。因此，我们在实验室中设计了一个准实验，对 42 名计算机科学学士和理科学生的幸福感进行度量，然后执行了类似算法设计的任务。为了度量幸福感，我们选择了 SPANE（之前解释过）。

分析任务类似于算法设计和执行。我们决定对参与者进行伦敦塔测试（TOL，也称为 Shallice 测试，一种认知测试），这一测试类似于河内游戏。该测试包括两个木板，分别带有 3 根高度不同的木棒和几个彩色的珠子，通常每块板有三堆，每堆只能容纳有限数量的珠子。第一块板展示了预定义的一堆珠子。参与者收到了第二块木板，其与第一块木板的珠子相同，但堆的方式不同。参与者必须通过一次堆一个珠子并将其移到另一个堆中来重新创建第一块板的配置。心理实验构建语言（PEBL）是一种开放源代码语言，是一组神经心理学测试 [13, 14]，伦敦塔测试就在其中。

PEBL 能够收集使我们计算出效果的分数。我们将两个任务中获得的分数与开发人员的幸福感进行了比较。结果表明，在分析效果方面，最有幸福感的软件开发人员优于其他开发人员。我们估计效果提升约为 6%，此外，我们通过量化效应值统计数据证实了效果提升不可忽略。效应值通常是一个介于 0 到 2 之间的数字，它代表平均值差的效果大小。我们的两组效应值平均值之差为 0.91，因为我们没有获得幸福感的极端案例，这是一个很大的影响值。边界值甚至可能更高。

在另一项研究中 [2]，我们做了一些更深入的研究。我们的目标是继续用心理学理论和度量工具来理解软件开发任务引起的实时影响（比如说幸福感）与任务本身相关的生产力之间的联系。八位软件开发人员（四名学生和四名来自软件公司的开发人员）在做实际软件项目。任务长度为 90 分钟（因为这大约是编程任务的典型长度）。开发人员每隔 10 分钟填写一次由自我评估模型（SAM）组成的问卷和一项用于自我评估生产力的内容。

SAM 是用于评估情绪状态或反应的量表。SAM 之所以独特，是因为它是一种经过验证的度量刺激（如物体或情况）引发影响的方法，并且它是基于图片的（没有文字）。SAM 只是三排有不同面部表情和肢体语言的图片。因此，参与者可以快速填写 SAM，如果在平板电脑上实施（仅需要三次触控选择），更快。我们分析了开发人员在任务中的感受以及他们在生产力方面的自我评估。自我评估不是度量生产力的非常客观的方法，但事实证明，如果单独观察，个人实际上会擅长自我评估[15]。结果表明，编程任务的幸福感强和技能胜任感与生产力成正比。随着时间的流逝，这种相关性得以保持。我们还发现，90 分钟内影响的变化很大，快乐的软件开发人员确实可以提高生产力。

幸福感对其他结果的潜在影响

幸福感不仅影响生产力，还影响很多事情，其中大多数仍然与开发人员的绩效有关。这里列出其中的三个。

不满会导致沟通不足和流程的混乱："沟通不畅和流程混乱会导致很难按时完成任务。"但是，快乐的开发人员也可能意味着更多参与协作的团队成员，从而增加了需要协同的工作。通常，我们会反复出现一种愿意分享知识的模式（"我很好奇，我喜欢把自己会的东西教给别人"），并愿意为解决问题而共同努力（"我们从来不肯动脑筋一起解决棘手的问题或计划新功能"），即使与当前的任务或当前职责无关（"我更愿意为他们解决工作中遇到的问题"）。

幸福感不仅会影响了写代码编写的效率，而且还会影响代码的质量。参与者报告说："最终（由于负面经验）不能保证代码质量。这会使我的代码混乱，出现更多的错误。"但也提到写代码的效率降低，或者是"结果，我写代码变得更草率。"有时，不开心导致疏于执行质量实践（"……所以我不能遵循标准的设计模式"）来应对负面体验。但是，快乐可以提高代码质量。一位参与者讲述了他们工作中发生的小故事："我正在构建一个接口使两个应用程序通信。这是一个激动人心的挑战，我的快乐和积极的心情使我超越了一切，不仅功能正常运行，而且用户体验也变得不错。"在感到快乐时，开发人员一般更少出错，更容易找到解决方案，并进行新的方法提高代码质量。一位参与者告诉我们："当我心情愉快且积极时，我写的代码看起来非常整洁。我的意思是，我可以写代码并快速分析问题，而没有或很少有不必要的错误。"这样做的结果是代码更简洁，可读性更高，注释和测试更好，并且错误和异常更少。

我们要报告的最后一个非常重要的因素主要与不快乐有关，就是精神不安和精神障碍。 我们创建了此类别来收集那些威胁精神健康的结果。参与者报告说，开发软件时不快乐是造成焦虑的原因（"这种情况使我感到惊慌"）、压力（"［我］失败的唯一原因［是］由于［劳累过度］"）、自我怀疑（"如果在某项任务上感到特别失落，我有时可能会开始怀疑自己能不能成为一名优秀的程序员"）以及悲伤和沮丧（"……感觉像有一团沮丧的浓雾笼罩着自己和项目"）此外，我们还发现，也有人提到觉得自己被评判、沮丧和对自己的能力缺乏信心。

未来发展趋势

1971 年，温伯格（Gerald Weinberg）的著作《编程心理学》[12] 提到需要注意以下事实：软件开发是人的工作，而从事软件开发的是有情感的人。时至今日，我们仍旧需要更进一步地了解软件开发中的人为因素。软件开发中，生产力的管理往往还是像在流水线上交付代码一样来管理软件（参见第 11 章）。另一方面，许多公司确实了解到快乐的开发人员尤为重要，关注并花钱让他们感到舒适，是值得的。

正如我们所展示的，软件开发中幸福感与生产力实际是有关联的。可以对软件开发人员的幸福感进行量化，并且，他们的幸福感有不同的因果模式。

如果可以将幸福感作为软件开发生产力管理中的一个因素，该怎么办？ 将来，越来越多的人会用数字产品和服务，执行软件开发任务。值得为他们的幸福感投资。重要的是，我们要进一步了解舒适感与软件开发绩效之间的关系信息，严谨的研究和对软件开发从业人员进行教育是改进该领域的关键。除了精湛的技术技能，我们还要让未来的软件开发人员了解有哪些社会和心理因素在影响他们的工作。

延伸阅读

在本章中，我们报告了一些对软件工程师幸福感的研究。其中一些研究 [1、2、3、5、11] 是独立且自成体系的。其他研究 [4、6] 是我们正在进行的项目的一部分，我们在前面"快乐而富有成效的软件工程师科学依据吗"对此进行了描述。

在撰写本章时，我们仍旧未发现使开发人员感到快乐的所有类别。我们邀请读者检查我们的开放式知识库 [10]。一旦在我们有了新的发现和结果，会添加新的论文和结果到这个知识库里面。这里还包含使开发人员感到不快乐的全部分类方法。

关键思想

以下是本章的主要思想。

- 科学表明，软件行业迫切需要有幸福感的工程师。
- 软件工程师的总体幸福感略高，但许多人仍然一觉得不开心。
- 软件工程师不满意的原因很多，也很复杂。
- 软件工程师的幸福感直接影响着流程、人员和产品。

参考文献

[1] Graziotin, D., Wang, X., and Abrahamsson, P. 2014. Happy software developers solve problems better: psychological measurements in empirical software engineering. PeerJ. 2, e289. DOI=10.7717/ peerj.289. Available: https://doi.org/10.7717/peerj.289.

[2] Graziotin, D., Wang, X., and Abrahamsson, P. 2015. Do feelings matter? On the correlation of affects and the self-assessed productivity in software engineering. Journal of Software: Evolution and Process. 27, 7, 467-487. DOI=10.1002/smr.1673. Available: https://arxiv.org/abs/1408.1293.

[3] Graziotin, D., Wang, X., and Abrahamsson, P. 2015. How do you feel, developer? An explanatory theory of the impact of affects on programming performance. PeerJ Computer Science. 1, e18. DOI=10.7717/peerj-cs.18. Available: https://doi.org/10.7717/peerj-cs.18.

[4]   Graziotin, D., Fagerholm, F., Wang, X., and Abrahamsson, P. 2017. On the Unhappiness of Software Developers. 21st International Conference on Evaluation and Assessment in Software Engineering. 21st International Conference on Evaluation and Assessment in Software Engineering, 324-333. DOI=10.1145/3084226.3084242. Available: https://arxiv.org/abs/1703.04993.

[5]   Graziotin, D., Wang, X., and Abrahamsson, P. 2014. Software Developers, Moods, Emotions, and Performance. IEEE Software. 31, 4, 24-27. DOI=10.1109/MS.2014.94. Available: https://arxiv.org/abs/1405.4422.

[6]   Graziotin, D., Fagerholm, F., Wang, X., & Abrahamsson, P. (2018). What happens when software developers are (un) happy. Journal of Systems and Software, 140, 32-47. DOI=10.1016/j.jss.2018.02.041. Available: https://doi.org/10.1016/j.jss.2018.02.041.

[7]   Zelenski, J. M., Murphy, S. A., and Jenkins, D. A. 2008. The Happy-Productive Worker Thesis Revisited. Journal of Happiness Studies. 9, 4, 521-537. DOI=10.1007/s10902-008-9087-4.

[8]   Diener, E., Wirtz, D., Tov, W., Kim-Prieto, C., Choi, D.-w., Oishi, S., and Biswas-Diener, R. 2010. New Well-being Measures: Short Scales to Assess Flourishing and Positive and Negative Feelings. Social Indicators Research. 97, 2, 143-156. DOI=10.1007/s11205-009-9493-y.

[9]   Bradley, M. M. and Lang, P. J. 1994. Measuring emotion: The self-assessment manikin and the semantic differential. Journal of Behavior Therapy and Experimental Psychiatry. 25, 1, 49-59. DOI=10.1016/0005-7916(94)90063-9.

[10] Graziotin, D., Fagerholm, F., Wang, X., and Abrahamsson, P. 2017. Online appendix: the happiness of software developers. Figshare. Available: https://doi.org/10.6084/m9.figshare.c.3355707.

[11] Fagerholm, F., Ikonen, M., Kettunen, P., Münch, J., Roto, V., Abrahamsson, P. 2015. Performance Alignment Work: How software developers experience the continuous adaptation of team performance in Lean and Agile environments. Information and Software Technology. 64, 132-147. DOI=10.1016/j.infsof.2015.01.010.

[12] Weinberg, G. M. (1971). Psychology of Computer Programming (1 ed.). New York, NY, USA: Van Nostrand Reinhold Company.

[13] Piper, B. J., Mueller, S. T., Talebzadeh, S., Ki, M. J. 2016. Evaluation of the validity of the Psychology Experiment Building Language tests of vigilance, auditory memory, and decision making. PeerJ. 4, e1772. DOI=10.7717/peerj.1772. Available: https://doi.org/10.7717/peerj.1772.

[14] Piper, B. J., Mueller, S. T., Geerken, A. R, Dixon, K. L., Kroliczak, G., Olsen, R. H. J., Miller, J. K. 2015. Reliability and validity of neurobehavioral function on the Psychology Experimental Building Language test battery in young adults. PeerJ. 3, e1460. DOI=10.7717/peerj.1460. Available: https://doi.org/10.7717/peerj.1460.

[15] Miner, A. G., Glomb, T. M., 2010. State mood, task performance, and behavior at work: A within-persons approach. Organizational Behavior and Human Decision Processes. 112, 1, 43-57. DOI=10.1016/j.obhdp.2009.11.009.

[16] Graziotin, Daniel; Fagerholm, Fabian; Wang, Xiaofeng; Abrahamsson, Pekka (2017): Slides for the consequences of unhappiness while developing software. https://doi.org/10.6084/m9.figshare.4869038.v3.

第 11 章　暗敏捷：工程师≠资产 = 有情感的人

Pernille BjØrn（丹麦哥林哈根大学）/ 文　　周松松 / 译

重新审视《敏捷宣言》

在软件工程领域，敏捷原则的创立，被视为是对逐步推进、严格有序的软件工程过程的反击。可以事先清晰定义工作范围优于实际的软件开发活动，这样的想法，一直以来总是遭到质疑。敏捷方法论认为，在软件开发开始前，软件工程的基本属性决定了不可能预先制定相关的工作范围、结果和目标。与之相反，在软件开发过程中，工作范围、结果和目标会不断发生变化。这一假设要求参与者（开发人员和客户）能够持续平衡并协调资源及其优先级，这也驱动了敏捷模式的发展。敏捷理念的发展不是孤立的，而应该视为一个能有效组织工作、使用不同落地方式的原则集合。《敏捷宣言》中包含的主要原则如下。

- 个人和交互优先于流程和工具

- 工作的软件优先于完备的文档

- 客户合作优先于合同谈判

© The Author(s) 2019
C. Sadowski and T. Zimmermann (eds.), *Rethinking Productivity in Software Engineering*,
https://doi.org/10.1007/978-1-4842-4221-6_11

- 响应变化优先于遵循计划

以上敏捷原则基于这样一个核心观点，即将决策权赋予具体的参与者——软件开发团队。不同于开发人员由外部进行控制的做法，开发人员应该被赋能以便自行寻找和确定工作的优先级。软件开发团队应该是一个自管理的团队，即当通过可用资源明确工作优先级时，客户和用户只是其考虑因素中的一部分。在丹麦大学计算机科学系教授计算机科学专业学生软件工程课程时，我们提到敏捷模式带来的诸多收益以及瀑布模式带来的诸多问题。我们认为，瀑布模型忽视了软件开发是一个迭代、有创造性的研发过程。如果在丹麦拜访任何一个类似的 IT 公司，与他们的开发人员交谈，询问他们有关方法论的问题，他们会告诉你瀑布模型是如何变得无效，而敏捷模式又是如何能在有限的时间里让研发质量变得更高。在丹麦的软件工程领域，敏捷模式被认为是积极的。

然而，当我们把观察视角从斯堪的纳维亚半岛转移到印度时，敏捷模式则是另一番场景。

全球外包领域中的敏捷开发

基于一项名为"下一代全球软件研发中的工具与流程"（简称 NexGSD）的长期研究项目，我们已经研究了世界各地的软件开发活动。具体来说，我们观察和采访了在菲律宾与丹麦工程师 [4,5,7] 一起工作过的工程师，我们还去了印度，具体是班加罗尔、孟买和金奈，我们采访了那些与北欧或美国的开发团队和服务商 [6,8,11,12] 有着共同工作经历的工程师。通过这些研究，我们开始注意到全球外包行业在实施了类似 Scrum 的敏捷原则后产生的变化。从 2011 年启动该项研究开始到 2014 年，所有被研究的组织均从瀑布模型转向了敏捷模型 [1,2]

这意味着什么呢？让我们从在印度班加罗尔和美国凤凰城 [3] 有过开发经历的工程师身上近距离观察一下敏捷的发展。

全球化软件开发可以采用外包或者离岸外包的方式。外包指的是将内部的工作转交给外部合作伙伴来完成；离岸外包指的是将工作转移到另一个地方完成，但还是在同一个公司内部，这就像美国 IBM 与印度 IBM 一起工作。在我们研究的案例中，全球化外包则是工作从美国或丹麦转移到世界上另一个地方、另一个完全不同的组织机构。

在全球化外包行业中，我们注意到客户仍然保有很大的话语权，即客户可以选择由哪一家公司来承接工作，是否要将工作转给其他外包服务商（同一个地区），这始终。在我们的案例中，美国客户组建了一个全球化敏捷团队，该团队由印度的不同 IT 外包商的专业人士组成，客户选出一位代表作为该项目的负责人。这意味着团队成员即便在同一个团队，也存在着工作竞争。如果客户发现某一个成员表现不够好，可以随时用一个新人来换掉他。这种多服务商的组织形式，即便在地理位置上比较分散，但生产力却很高。全球化敏捷尽管给团队成员带来了激烈的竞争，但从生产力角度来看，这无疑是一个巨大的成功。敏捷开发原则或者说 Scrum 方法论中宣称的原则是如何影响全球软件外包团队的呢？

跟踪工作方式，提升生产力

Scrum 中一个主要的环节是团队成员需要明确他们正在进行哪些工作以及需要多少个时间才能完成。一项具体的任务要花多长时间，完全取决于计划阶段协调资源的团队成员。用这种方式，每一个成员都会分配到需要在一定时间范围内完成的任务。在印度，软件工程师的工作日是 10 个小时。在所有的软件开发项目中，与开发不相关的工作也要占据相同的时间段。因此，每天跟踪工作时间是 8 个小时。这意味着每天每个成员需要至少投入 8 个小时到开发工作中。无论发生什么，团队成员都必须完成软件开发任务。甚至孩子生病了，也不能离开办公室，不得继续工作，直至工作如期完成，否则客户可能会将工作交给当地另一家有竞争力的外包公司。在班加罗尔工作的软件工程师向我们抱怨他们如何喜欢瀑布模型而不是敏捷模型。瀑布模型因为有明确的目标，所以时间压力更小。更长的截止时间意味着，如果需要他们可以去照顾生病的孩子，而不是总被短暂的截止时间紧逼着紧张工作。

每日站会，跟踪工作效率

在敏捷模式中，除了允许客户持续跟踪团队中每个人的工作效率，全球化敏捷还强制要求团队每个成员参加每日站会。站会本身并不是问题，但每天站会的时间存在问题。美国东海岸和印度有时差，站会的举行时间被设置为印度晚上 10 点钟。不管每周的哪一天，哪怕是周五，晚上都要正常举行站会。这意味着团队成员，如果从事全球化敏捷开发，为了与全球的工作保持协同，就得同步工作。对家庭生活和社交而言，同步工作便是问题所在，对一些家在偏远农村的开发人员会尤其糟糕。一些与我们交谈的工程师，工作日来到现代化的班加罗尔上班，周末才回家。站会使得周五晚上下班回家变得很困难。更甚至于项目的工期从四五个月延长到一年多，这给工程师带来了长期的工作压力，没有时间休息和度假。通过投入更多时间以提升生产力，反而适得其反，工作高强度相当大。

工作压力大

三年的时间，通过不断接触受访者，我们发现全球化敏捷团队既拥有比较高的生产力，也是客户喜欢的 IT 服务商，但在全球化敏捷机构中，工程师却感受到了"更多的工作压力、更多的时间压力和紧张情绪"，对测试人员而言，敏捷开发的工作经历让其感受到了压力特别大。在全球化项目中，期望职位高的人们拥有更多灵活的时间，以便有更多的时间投入到工作中，但这种情况下，感受到工作压力的却是职位低的工程师和测试人员。全球化敏捷的执行方式还意味着客户会不断要求团队加快交付速度，即使敏捷原则认为理想冲刺时间为两到三周，而客户却希望能压缩到一周完成。在五天时间内完成分析、设计、实施和测试可工作的交付产物是困难的，对测试人员更是如此。一位交付经理对我们说："是的，对工程师和对技术部门而言，这非常有压力。我想说这是因为客户预期过高。"

生产力的代价

毫无疑问，就速度、质量和按时高质量交付而言，我们研究的 IT 服务商都有着很高的生产力，即便在竞争激烈的多家厂商中，它们也是客户喜欢的 IT 服务商。作为广受欢迎的服务商，可以得到更多的工作，特别是在其他服务商无法交付的情况下。现在的问题是这样的高效率要付出哪些代价？

财务方面，对客户而言，全球化敏捷模式要比瀑布模式更昂贵：我们在与 IT 服务商交谈中得知，如果开发同样的产品，使用瀑布模型更便宜。关于全球化敏捷模式可以节省开支的争议，是全球化软件开发的根本性问题，不在我们的讨论范畴。当我们问 IT 服务商一开始为什么要采用敏捷模型时，他们解释说因为客户要求他们采用 Scrum 模型进行开发。我们不妨退一步，先思考一下客户的这一要求。作为一家公司，受雇交付一项服务或产品，有关价格、时间和协作的沟通必不可少，但客户直接要求服务商采用某种具体开发模型的情况却很少见，为什么客户会如此要求？对客户而言，敏捷作为一种更昂贵的开发模型，可以让他们直接接触到更有能力的工程师，而相应的，这些工程师的薪水更高，IT 服务商培养新人做同一个项目存在诸多困难。

高生产力背后的人力代价是什么？覆盖全球的敏捷模式又给人们带来了哪些影响？如果我们回头看看《敏捷宣言》中的原则，会发现"工作的软件优先于完备的文档""客户合作优先于合同谈判""响应变化优先于遵循计划"在全球化敏捷外包中占据了主导地位。在我们的案例中，存在着与客户紧密协同的情况，工作范围和目标不断变化，需要持续聚焦于软件交付。然而，如果我们审视第一个原则"个人和交互优先于流程和工具"，就会发现偏差。用于构造敏捷交付的流程和工具，在所有的细节层面均被用于对工程师工作进行微观管理。在我们的案例中，全球化敏捷开发原则被认为一个具有明确输入和输出的算法机器。输入便是数量、工作时间和交付截止日期这些，常用于督促人们更加努力工作。在既有的敏捷流程和工具条件下，用户可以监管甚至控制软件工程师完成每一个细小功能。的确，全球化敏捷生产力更高。如果成功的唯一标准是更快、更高质量地完成工作，那么全球化敏捷确实很有吸引力。

然而，全球化敏捷模式也有着黑暗的一面，因为 Scrum 的流程和工具可以用来对工程师做微观管理。如果我们只关注生产力，就会存在忽略个人视角的风险以及处在敏捷核心地带中模棱两可的理念。敏捷联盟的吉姆·史密斯认为，敏捷的核心理念即通过创造一个环境，将"员工视为最重要的资产"，将好的产品交付给客户，但实际上只是将员工视为最重要而丢失了资产的属性。

通过敏捷工具和流程来提升效率，持续聚焦于此，我们必须认真考虑一下工作条件。"全球化敏捷算法机器"存在着将人视为资产、资源和数字而忽视个人视角的风险。瀑布模型因过度管控、引入微观管理而广受批评，我们基于经验的研究显示，全球化敏捷模式也被用于对软件工程师进行微观管理，甚至更严重的过度控制。

全球化敏捷模式对软件工程的高效率提出了良好的意愿，但存在如下风险：

- 将人视为资产，而非有情感的人

- 以持续工作的方式创造了高强度的工作环境

- 支持用户进行微观管理

- 要求软件工程师克服时差问题，同步工作

聚焦于软件工程师自身、自组织和充分授权，这些本该由敏捷引入的原则，现在正受到我们忽略。在竞争激烈的多服务商模式下，基于全球化敏捷模式组织起来的软件工程存在着流水线工作一样的风险。

软件工程效率的开放性问题

我并不是说全球化敏捷本身就有问题。在 NextGSD 研究的所有案例中均清晰地表明，紧密结对协作对跨区域协同开发至关重要，敏捷原则使结对协作更加紧密。我认为对一个参与全球化敏捷开发的软件工程师而言，身处世界上的不同地方，意味着很多不同的东西。在印度班加罗尔工作的码农，与在丹麦哥本哈根工作的软件工程师相比，工作条件有很多不同。他们要经历的全球化敏捷模式有着完全不同的实施方式。哥本哈根的工程师 [9] 在全球化敏捷组织中有优势。在印度班加罗尔的工程师，全球化敏捷技术、工具和流程塑造的工作方法并没有为其具备自组织和授权提供过相同的条件。这意味着在设计软件工作和流程来支撑全球化的工作时，我们不能只聚焦于提升生产力，还要考虑不同的工作条件。快速交付和高质量代码不应该成为主要的度量方法，相反，我们应该开始开发一种量化方式，使其能关注细微差异，能兼顾不同的情况。我们必须思考类似燃尽图的人工考核方法为何只反应了工程效率的一部分内容 [10]，我们还应该思考：在这些人工考核方法中哪些内容还没有体现出来？如何将人工考核方法和被工具忽视的内容体现出来？最后，我们还要思考如何保证在设计工具和流程并为所有人创造更好的工作条件时不要忽略个人的视角，无论他们身处何地。人们把笔记本带回家，以便在晚上或周末继续查看邮件。工作和生活越来越多地交织在一起，人们越来越多参与到全球化的工作模式中，为缓解高生产力带来的工作压力，我们需要制定一个长期战略来应对高效率带来的压力，对工作在印度的码农和测试人员更是如此。

当软件工程师抱怨不得不参加晚上 10 点的会议，以至于无法离开办公室去照顾生病的孩子时，他们并不是在抱怨敏捷开发本身。相反，他们只是抱怨在组织内部缺乏话语权，

无法自行做决定。对工作在斯堪的纳维亚（半岛）、北欧和美国的工程师而言，敏捷模式效果很好，因为这些软件团队足够强大。当客户要求其他地点的软件工程师也采用敏捷开发时，这些人并没有相应的赋能。相反，他们选择和组织工作的权利被剥夺了。我们必须深入思考如下几个重要的问题。

- 期望软件工程师表现出哪样的生产力和价值？
- 如何在塑造软件工程流程和工作的生产力评估办法中体现出这些价值？
- 如何设计软件工程的实践和技术，使其既能提升生产力，又不缺乏人文关怀？

关键思想

以下是本章的主要思想。

- 全球的软件开发存在几个风险：将人视为资产，而非有情感的人；工作环境紧张；微观管理；要求工程师跨时区同步工作。
- 生产力的评估不能只关注速度和质量。

致谢

本文参考了 Pernille BjØrn、Anne-Marie SØderberg 和 S. Krishna 合著的学术论文"全球软件开发的错位：全球敏捷开发的黑暗面"[3]。在 NexGSD 研究项目，文中提到的几个子项目由国家战略研究委员会和丹麦自然创新高等教育机构提供资金支持。

参考文献

[1] BjØrn, P. (2016). "New fundamentals for CSCW research: From distance to politics." Interactions (ACM SIGCHI) 23(3): 50-53.

[2] BjØrn, P., M. Esbensen, R. E. Jensen and S. Matthiesen (2014)."Does distance still matter? Revisiting

the CSCW fundamentals on distributed collaboration." ACM Transaction Computer Human Interaction (ToChi) 21(5): 1-27.

[3] BjØrn, P., A.-M. SØderberg and S. Krishna (2017). "Translocality in Global Software Development: The Dark Side of Global Agile."Human-Computer Interaction 10.1080/07370024.2017.1398092.

[4] Christensen, L. and P. BjØrn (2014). Documentscape: Intertextuallity, sequentiality and autonomy at work. ACM CHI Conference on Human Factors in Computing Systems Toronto, ON, Canada, ACM.

[5] Christensen, L. R., R. E. Jensen and P. BjØrn (2014). Relation work in collocated and distributed collaboration. COOP: 11th International Conference on Design of Cooperative Systems. Nice, France, Springer.

[6] Esbensen, M. and P. BjØrn (2014). Routine and standardization in Global software development. GROUP. Sanible Island, Florida, USA, ACM.

[7] Jensen, R. E. and B. Nardi (2014). The rhetoric of culture as an act of closure in cross- national software development department. European Conference of Information System (ECIS). Tel Aviv, AIS.

[8] Matthiesen, S. and P. BjØrn (2015). Why replacing legacy systems is so hard in global software development: An information infrastructure perspective. CSCW. Vancouver, Canada, ACM.

[9] Matthiesen, S. and P. BjØrn (2016). Let's look outside the office: Analytical lens unpacking collaborative relationships in global work. COOP2016. Trento, Italy, Springer.

[10] Matthiesen, S. and P. BjØrn (2017). "When distribution of tasks and skills are fundamentally problematic: A failure story from global software outsourcing." PACM on Human-Computer Interaction: Online first 2018 ACM Conference on Computer-supported Cooperative Woek and Social Computing 1(2, Article 74): 16.

[11] Matthiesen, S., P. BjØrn and L. M. Petersen (2014). "Figure Out How to Code with the Hands of Others": Recognizing Cultural Blind Spots in Global Software Development. Computer Supported Cooperative Work (CSCW). Baltimore, USA, ACM.

[12] SØderberg, A.-M., S. Krishna and P. BjØrn (2013). "Global Software Development: Commitment, Trust and Cultural Sensitivity in Strategic Partnerships." *Journal of International Management* 19(4): 347-361.

第二章 暗敏捷：工程师≠资产＝有情感的人

第 IV 部分　生产力度量实践

▋第12章 开发人员对生产力的认知不同

André N. Meyer（瑞士苏黎世大学）

Gail C. Murphy（加拿大英属哥伦比亚大学）

Thomas Fritz（瑞士苏黎世大学）

Thomas Zimmermann（美国微软研究院）

/ 文   刘玮立 / 译

生产力度量与感知

为了克服不断增长的软件需求，软件开发组织努力提高开发人员的生产力。但在软件开发场景中，如何定义生产力呢？在过去的四十年，针对开发人员的生产力已经进行了大量的工作，大部分都从自上而下的角度（管理视角）考虑生产力，即单位时间的产出和代码。常见的此类生产力度量方式，例如，每小时修改了多少行源代码、变更请求的解决时间或者每个月完成的功能点。这些生产力指标侧重于一个单一的、以产出为导向的因素来度量生产力，不考虑开发人员的个人工作角色、实际行为和其他可能影响其生产力的因素，例如碎片工作、使用的工具或工作 / 办公环境。例如，开发主管如果花大量的工作来支持同事，可能开发的代码较少，那么依据传统的自上而下

© The Author(s) 2019

C. Sadowski and T. Zimmermann (eds.), *Rethinking Productivity in Software Engineering*,

https://doi.org/10.1007/978-1-4842-4221-6_12

度量方法，就会得出一个结论：相比只做代码开发的同事，他的效率更低。

另一种量化生产力的方法是自下而上从单个软件开发人员的生产力开始，然后进一步学习如何更广地量化生产力。通过调查开发人员的个人生产力，可以更好地了解个人的工作习惯＆模式、与生产力感知的关系以及哪些因素与开发人员的生产力关系最大。

研究软件开发人员对生产力的认知

有多种方法可以自下而上调查生产力。在这一章中，我们将描述三项研究。这些研究是我们使用各种方法，通过监控应用程序从两周的实地研究中观察得出的。

首先，为了深入了解开发人员认为有效率和无效率的工作，我们对 389 名专业软件开发人员进行了在线调查，随后对 11 名开发人员进行观察和后续采访，以证实调查得到的一些结果 [1]。

为了更好地了解开发人员在工作中从事的活动、碎片化工作以及这些活动与自我报告的生产力之间的关系，我们对 20 名专业软件开发人员进行了为期两周的实地研究。在这项研究中，我们安装了一个监控应用程序来记录开发人员的计算机交互，每 90 分钟收集一次相关的工作效率自我报告 [2]。

为了分析和比较开发人员感到有效率的情况，我们对 413 名专业软件开发人员进行了进一步的在线调查 [3]。

本章的其余部分将重点介绍最显著的发现。对研究和发现的详细描述可以在相应的论文中找到。

上下文切换成本

开发人员报告显示，任务切换和打扰中的情况下，效率最高。然而，观察开发人员的工作日常，实际却发现他们经常切换上下文，通常一小时好多次。例如，开发人员平均每小时切换 13 次任务，在一个任务只能投入大约 6 分钟就要切换到下个任务。举个任务切换例子，比如开发人员正在实现一个功能，就被切换到回复和这个功能开发无关的电子邮件上。类似，当我们观察开发人员花在工作上的时间（例如写代码、运行测试或写电子邮件的时间），我们发现他们通常只在一个工作中只停留 20 秒到 2 分钟，然后就被切换到另一个工作中进行去了。开发人员每天都在做各种各样的工作和任务，并在这些工作和任务中大量的切换，时间碎片化极其严重。

令人惊讶的是，尽管有大量的上下文切换，许多开发人员仍然觉得很有效率。对开发人员的后续采访显示，上下文切换的成本各不相同。影响上下文切换的成本或"危害"的因素包括：切换的持续时间、切换的原因以及对在当前任务的专注程度。从 IDE 短暂切换到 Slack 消息，比工作被同事打断，去讨论半个小时与当前主要任务无关的话题，切换成本通常要小得多。此外，像我们的报告参与者描述的那样，例如在等待构建完成时快速写一封电子邮件，这种短的上下文切换通常不会损及生产力。

同事的打扰是高成本上下文切换最主要的原因之一，特别是开发人员专注于解决难题的时候。第 23 章提出了一个可能的解决方案，讲述开发人员和其他知识工作者如何以可视化方式向团队展现自己当前的关注点，以此来减少高成本的中断次数。

开发人员富有成效的工作日常

研究发现，不同开发人员对工作时间和工作的组织有显著的差异。在平均 8.4 小时的工作日内，开发人员大约一半的时间（平均 4.3 小时）花在电脑上。令人惊讶的是，他们只花了四分之一的时间来做代码相关的工作，而另外四分之一的时间用于例如会议、电子邮件和即时消息等协同工作。不同公司之间也有很大的差异，例如开发人员花了多少时间读或写电子邮件。一家公司的观察数据显示，开发人员每个工作日花在电子邮件上的时间不到一分钟，而在另一家公司，开发人员花了一个多小时。

将开发人员在工作中所做的事与其所感受到的生产力联系起来，可以发现生产力是高度独立的，并且，不同开发人员的差异很大。大多数开发人员报告显示，编码是最有效率的活动，因为编码能够使他们在自己的要事上取得进展。其他大部分活动都没有相应的有效性体现。其中，会议是最有争议的：超过半数的开发人员认为会议没有效率，尤其是他们缺乏目标、没有结果或者参会人员太多的时候；另一半开发人员认为会议很有成效。许多开发人员认为，电子邮件效率较低。然而，没有一项活动是所有开发人员都认为完全有成效或没有成效的。即便是编码，也不说是有效的尤其是开发人员碰到了阻碍问题的时候也不被认为是一个有效的，尤其是这表明，试图量化生产力或模型应该考虑个体差异，例如开发人员工作日常场景，考虑并尝试更全面捕获开发人员的工作，而不是将其减少为单个活动和一个结果来度量。

开发人员期望用不同的方法来量化生产力

当我们询问开发人员希望如何量化他们的生产力时，大多数开发人员希望根据已完成多少任务来评估他们的生产力，但也希望与其他度量结合起来。这些额外的度量包括与输出相关的度量，例如代码行、提交次数、发现或修复的错误数以及发送的电子邮件，但也包括更高级别的度量，比如他们在工作中的专注程度，他们是否在切换工作或专注工作，以及他们是否觉得自己取得了任何重大的进展。在所有度量中，没有一个度量或多个度量的组合被大多数开发人员认可。这一结果表明，不同的因素对开发人员的生产力及其对生产力的感觉影响各不相同。例如，在开发人员花大量时间处理开发任务时，对完成的工作项或签入的工作项的数量进行度量可能是合适的。然而，在开发人员花大部分时间开会或帮助同事的日子里，同样的措施会导致开发人员的生产力低下和挫败感很强。此外，研究结果表明，如果不确定具体目标，很难做到广泛度量生产力。我们必须找到更全面度量生产力的方法，不仅要利用产出指标，还要考虑开发人员的个人能力、工作习惯及其对团队的贡献等等。第 2 章和第 3 章进一步讨论了这一点，并认为生产力不仅应该从个人的角度考虑，还应该从团队和组织的角度考虑。

通过对生产力的认知来做软件开发人员画像

开发人员对生产力的看法不同，这也使团队或组织确定有意义的行动来帮助提高生产力变得更有挑战。要更好地理解开发人员对生产力的看法的差异和共性，一种方法是调查我们是否可以找到具有类似看法开发人员伙伴或者组。通过分析三个工作周内每小时的自我报告，我们发现开发人员大致可以分为三组，这三组与昼夜节律相似：早上高效、下午高效和午餐低效，如图 12-1 所示。这三幅图中的曲线回归线显示了一天中某个开发人员感觉效率高或低的时间，阴影区域显示置信区间。在我们的样本中，早上高效的人很少，只有 20% 的参与者。最大的群体是下午高效的人（40%），这些结果表明，虽然开发人员有不同的生产力模式，但每个人似乎每天都遵循自己的习惯模式。

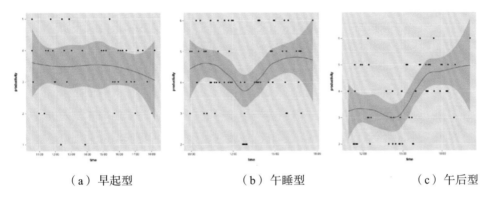

（a）早起型　　　　　　　（b）午睡型　　　　　　　（c）午后型

图 12-1　三类开发人员及其对一个工作日内生产力的看法

在另一项将对生产力有类似看法的开发人员分组的工作中，我们要求参与者描述生产性和非生产性工作日，用可能影响生产力的因素列表对他们的一致性进行评分，并对工作中生产力度量列表的趣味性进行评分。我们发现，开发人员可以分为六类：社交型、独狼型、专注型、平衡型、负责型和目标导向型。

- 社交型开发人员在帮助同事、协作和做代码审查时会感到工作有效率。为了把事情做好，他们早来上班或晚走加班，努力集中注意力做好每一件事。

- 独狼型开发人员可以避免干扰，如噪音、电子邮件、会议和代码评审。当他们有社交互动时，当他们能够解决问题、修复错误或者安静、长时间编码时，他们会感到最有效率。为了反思工作，他们最感兴趣的是了解他们受到打扰的频率和持续时间。需要注意，这组开发人员与第一组（社交开发人员）在遇到社交互动时工作效率几乎完全相反。

- 专注型开发人员高效工作并且一次只专注于一个任务时，会觉得效率最高。如果浪费时间和花太多时间在一项任务上，他们会觉得没有效率，因为他们被卡住或工作缓慢。他们有兴趣知道被打扰的次数和集中注意力的时间长度。

- 平衡型开发人员不太容易被打扰的影响。当任务不明确或不相关、不熟悉某项任务或任务过多，他们会觉得没有效率。

- 与其他开发人员相比，主管型开发人员更能适应会议和电子邮件，编码活动的效率也较低。写和设计规范之类的东西时，他们觉得更有效率。他们不喜欢因为构建失败和阻塞的任备而无法做出成效。

- 目标导向型开发人员完成任务或在任务上取得进展时，会感到有效率。如果同时处理多个任务、没有目标或陷入困境，他们会觉得效率较低。如果能帮助他们实现目标，他们比其他群体更容易接受会议和电子邮件。与专注型开发人员相比，目标导向型开发人员更关心实际完成任务（即从任务列表中划掉项目），而专注型开发人员更关心高效工作。

每个开发人员都可以归入于这些类别中的一个或多个。这六个类别及其特点突出了开发人员对生产力的不同看法，并表明他们理想的工作日、任务和工作环境往往看起来不同。我们可以进一步基于这些发现来为不同类型的开发人员定制流程改进和工具，如下一节所述。

瞄准时机，提高开发人员的生产力

开发人员和开发团队可以通过各种方式从这些发现中获益。在个人层面上，我们可以构建自我度量工具，让开发人员提高对生产性和非生产性行为的认识，并通过这些认知为工作中的自我改进设定合理的目标（见第 22 章）。

这些方法应提供各种措施，并支持开发人员深入了解其工作的各个方面，例如确定生产性或非生产性工作习惯，或确定对其生产力影响最大的外部或内部因素。除了自我监控，关注已经被证明能激发积极行为改变的其他领域（如体力活动和健康），支持开发人员设定目标，通过可操作的认知来提高工作效率，这可能是提高生产力的下一步。也许有一天，我们可以进一步构建虚拟助手，比如 Alexa for Developers，根据开发人员的目标或开发人员的生产力模式/角色/分组，推荐（或自动采取）操作。例如，这样一个虚拟助理可以在编码会话期间屏蔽来自电子邮件、Slack 和 Skype 的通知，以免"独儿狼型开发人员"受到干扰，但允许"社交型开发人员"收到这些通知。或者他们可以建议"专注开发人员"早点来工作，以便有几个小时不间断的工作时间，或者建议"平衡开发人员"休息一下，以免无聊和疲劳。

通过了解开发人员感知到的生产力趋势及其认为特别有生产力/无生产力的活动，可以安排开发人员必须以最适合其工作模式的方式执行任务和活动。例如，如果一个开发人员是一个早上高效的人，并且认为写代码特别有效率，会议有碍于他 们的工作效率，那么上午代码，并自动为会议请求分配下午的时间，就可以让开发人员在一天中最好地利用自己的能力。或者，它可以提醒开发人员在通常发生意外工作或中断的时候为其预留时间。

我们的研究还发现，打扰，一种特定类型的上下文转换，是影响生产性工作的最大的障碍之一。根据同事的偏好、可用性和当前的工作重点，通过加强他们之间的协调和沟通，有望在团队层面上提高生产力。例如，在团队层面，可以为"独狼型开发人员"和"专注型开发人员"提供安静、不易受打扰的办公室，而"社交型开发人员"则可以偶尔坐在开放空间的办公室里进行讨论。或者，可以通过使用外部提示将开发人员当前的注意力集中到其他开发人员身上来减少不合时宜的打扰，尤其是在当开发人员处于"心流"或通常最有效率的时候（见第 23 章）。

关键思想

以下是本章的主要思想。

- 不同的软件开发人员对生产力的体验不同，这就是他们无法对生产力度量方式达成共识的原因。

- 大多数开发人员每天都遵循自己的习惯模式，最高效的时间在早上、白天（非午餐时间）或下午。

- 度量开发人员的生产力不仅应该包括输出度量，还应该包括开发人员能力、工作日及工作环境等固有的度量。

参考文献

[1]　André N Meyer, Thomas Fritz, Gail C Murphy, and Thomas，Zimmermann. 2014. Software Developers Perceptions of Productivity. In Proceedings of the 22Nd ACM SIGSOFT International Symposium on Foundations of Software.

[2]　André N Meyer, Laura E Barton, Gail C Murphy, Thomas，Zimmermann, and Thomas Fritz. 2017. The Work Life of Developers: Activities, Switches and Perceived Productivity. Transactions of Software Engineering (2017), 1-15.

[3]　André N Meyer, Thomas Zimmermann, and Thomas Fritz.2017. Characterizing Software Developers by Perceptions of Productivity. In Empirical Software Engineering and Measurement (ESEM), 2017 International Symposium on.

▌第 13 章　基于行为分析方法来提高生产力

Brad A. Myers（美国卡内基·梅隆大学）

Andrew J. Ko（美国华盛顿大学）

Thomas D. LaToza（美国乔治·梅森大学）　　　／文　　张伟军／译

Young Seok Yoon（谷歌韩国）

编程是一种个人行为活动，我们可采用科技方法来理解人与技术交互的细节。特别是人机交互领域（HCI）有几十上百种方法可以用来解答人类广范的行为问题 [4]。（这些方法很多基于心理学、人类学和社会学等演进而来）例如，我们研究发现，在软件开发的全周期中，使用了至少十种人本行为分析方法 [11]，几乎所有方法都有助于提高程序员的生产力。

为什么要使用这些方法？正如前几章所述，尽管生产力难以量化，但可以确定，效率问题与开发人员所用的语言、API 及工具相关，通过研究可以解决效率的问题。此外，我们不仅需要数据，还需要更多的行为方法来理解生产力。人机交互方法能帮助挖掘开发人员的真实需求和潜在问题，从而帮助评估新的设计是否有助开发人员提高效率。同时，让程序员参与调查也可以获得真实的行为数据，容易识别影响效率因子并找到解决方案。

© The Author(s) 2019

C. Sadowski and T. Zimmermann (eds.), *Rethinking Productivity in Software Engineering*,

https://doi.org/10.1007/978-1-4842-4221-6_13

例如，上下文查询（Contextual Inquiry，CI）[1] 方法能帮助发现上下文操作中碰到的障碍。在 CI 中，实验观察开发人员在实际工作场景的工作表现，关注实际场景下的工作低效障碍。例如，在我们自己的一个项目中，我们想知道开发人员在修复缺陷时面临哪些关键障碍，因此观察并记录了微软开发员工在进行开发任务时碰到的阻碍行为 [7]。从分析中发现开发人员花 90% 的时间在某个函数方法体里尝试理解代码的控制流，但现有工具分析方法并没有充分揭示出这个问题。CI 是个有效方法，可以收集定性数据并识别开发人员真实的场景问题。但是，由于样本量小，无法提供定量统计数据。尽管 CI 方法的执行比较耗时，有时很难招募到有代表性的开发人员，但也算是识别影响效率关键因素的最佳方法之一。

另一个理解生产力障碍的有效方法是探索性实验用户研究 [14]。在这里，实验者将特定的任务分配给开发人员并观察。与 CI 的主要区别在于，这里参与者执行的是实验者提供的任务，而非真实的工作任务，因此与真实工作场景有差异。但好处是，实验者可以观察到参与者是否用不同的方法来做同一个任务。例如，我们让多个有经验的开发人员在 Java 中执行同一个任务时，收集了他们敲键盘的详细数据集 [5]。我们发现，开发人员花了大约三分之一的时间在代码库中导航，通常使用手动上下滚动。当我们问参与者在执行任务时遇到了什么障碍时，没有人关注并提到滚动划屏这个操作。然而，当我们分析开发人员的日志时，明显发现这个操作实际影响到了开发人员的生产力。理解此类问题能帮助发现并找到解决方案。这类研究也可以提供度量数据，可以用来度量一种新工具或其他提效措施所产生的差异。

以上两种方法都无法评估这些障碍发生的频率。频率数据很重要，可以计算出对生产力的总体影响。为此，我们使用了调查 [16] 和语料库数据挖掘 [9]。例如，在我们的 CI 中，我们注意到，理解控制流很重要，因此我们做了调查问卷，来统计开发人员碰到代码控制流问题的次数以及这些问题的难度 [7]。根据报告，开发人员每天有 9 次碰到控制流问题，多数人觉得至少有一次需要投入很长时间才能理解它。在另一项研究中，我们发现程序员在编辑代码时尝试回滚代码（将代码返回到以前的状态）实在浪费了大量时间。通过观察发现，因为需要在多个地方进行撤销回滚操作，这很容易出错。因此，我们分析了 21 个开发人员 1 460 小时的细粒度代码编辑日志 [18]。在检测到 15 095 个回滚代码操作，平均每小时就有 10.3 次的回滚操作。

一旦定位影响生产力的因素，就可以设计提效措施，例如，可以设计新的编程过程、语言、API 或工具。我们使用多种方法来确保提效设计能够真正有效。自然编程启发是指理解程序员如何思考任务及其使用什么词汇和概念，以使设计可以更贴近用户[10]。进行自然编程启发的一种方法是给开发人员白纸，让他们参与设计相关任务，我们先描述要开发的功能，让开发人员提供相关的详细设计。该方式的核心是以公正无偏差的方式引导参与者，因此一般使用图片或样本，而不提供任何词汇、架构或概念。

快速原型（Rapid Prototyping）[15] 可以快速而简单尝试提效原型，通常只需要在纸上画出，这有助于改进好想法并剔除无效想法。通常为了测试而创建真正的提效手段的话成本太高。在此情况下，我们使用另一个以人为中心的方法，称为"迭代原型设计"[14]。典型执行为第一步实施一个粗粒度原型也就是个模拟执行提效方案。这些原型都是用绘图工具快速创建，有些甚至只是笔和纸。例如，当我们试图帮助开发人员理解代码过程控制流时，我们使用一个名为 OmniGraffle 的 Macintosh 绘图程序来绘制一个可能的新可视化模型并将其打印在纸上。然后让开发人员假装与他们一起执行任务。我们发现，最初的可视化概念太复杂，完全无法理解，并缺少开发人员想要的重要信息[7]。例如，一个主要需求就是呈现方法调用顺序，原先设计并未去显示（并且也没有被调用图的其他静态可视化显示）。在最终可视化视图中，每条线上显示方法的调用顺序，如图 13-1 所示。

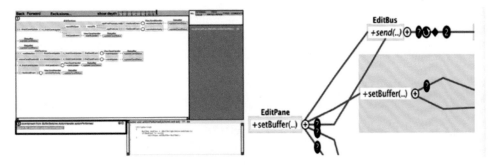

图 13-1　左图中 Omnigraffle 绘图工具绘制的可视化原型表明，方法调用顺序对可视化至关重要，如右图中工具的最终版本（称为 Reacher[7]）所示。方法 EddiaPANE.SETBULL (..) 生成五个方法调用（五行退出 SET 缓冲区，从上到下依次显示，其中第一个和第三个调用 EddiBuff.Enter (…)）。用"？"图标显示有条件的调用（因此可能在运行时发生，也可能不发生）。行上的其他图标包括显示循环内调用的圆形箭头、显示重载方法的菱形以及显示多个调用已折叠的数字

任何提效措施，都需要评估程序员是如何使用它的，以及中是否实际提高了生产力。例如，代码回滚困难这个问题促使我们创建了 Auzrite，它是 Eclipse 代码编辑器里的一个插件，提供了更加灵活的回滚撤销选择，开发人员可以撤消过去的编辑，而不必撤销最近的编辑 [19]。但是，如何知道新的提效措施真的可行呢？我们评估提效措施的方法主要有三种：专家评估、有声思维的可用性评估和正式的 A/B 测试。

在专家分析中，用过可用性方法的人通过目测走查来进行分析。例如，启发式评估 [13] 用 10 个准则来评估接口。我们使用这种方法来评估一些 API，发现特别长的函数名违反了错误预防的准则，因为这些名称很容易混淆而浪费程序员的时间 [12]。另一种专家分析方法叫认知走查 [8]。它是指使用界面仔细检查任务，并观察用户是否需要新知识才能进入下一步。使用这两种方法，可以通过迭代帮助一家公司改进开发工具 [3]。

另一套方法注重经验主义，与目标用户共同测试提效措施。这些评估最核心的诉求是通过了解参与者实际做了什么来洞察提效的工作原理。此外，我们建议使用出声思考的研究 [2]，参与者不断表达自己的目标、困惑和其他想法。这为实验者提供了丰富的数据，说明用户的动机，从而发现和解决问题。与其他可用性评估一样，如果一个参与者有问题，其他参与者也可能有类似的问题，所以应尽可能修复。研究表明，少数有代表性的用户可以发现很大比例的问题 [14]。在我们的研究中，当我们从早期的需求分析到 CI 和调查中获得有用的证据时，通过与五六个人一起讨论思考工具的可用性就足够了。但是，评估的时候，要应剔除与工具高度关联的人员，因为他们对工具很了解。

与专家分析和出声思考的可用性评估（非正式的）不同，A/B 测试使用正式的并统计有效的实验 [6]。这是证明一种提效措施优于原有或另一种措施的关键途径。例如，我们在 Eclipse 中测试了 Azurite 插件的选择性撤销功能，使用 Azurite 的开发人员在速度上是普通 Eclipse 的两倍 [19]。这种措施很有用，可以获得提高生产力的提效收益。这些度量结果也有助于说服开发和管理人员尝试新的提效措施，并改变开发人员的行为，使其可能发现度最指标比提议方的定性表达更有说服力。然而，这些实验比较难设计，需要平衡许多容易混淆的因素 [6]。同时，在有限实验时间框架下（一两个小时）设计出足够合理的任务是非常有挑战的。

为了获得提效的真正价值，需要对实际操作过程进行度量。我们发现，可以通过检测工具来收集数据，之后使用数据挖掘和日志分析。例如，我们开发了另一个 Eclipse 插件萤石记录器（Fluorite logger）来研究开发人员是如何使用 Azurite 工具的 [17]。结果发现，开发人员经常有选择地回滚一段代码，比如一个完整方法，将其恢复到以前的位置，其他代码保留不变，我们称为"区域撤销"，这证实了我们的假设，是一种最有用的选择撤销 [19]。

有很多 HCI 方法可以回答提效方案可能遇到的其他问题（表 13-1）。微软和谷歌等大公司已经把用户交互专家加入开发工具团队（比如微软的 Visual Studio 团队）。然而，小团队也可以学会使用其中的一些方法。基于我们多年来的广泛使用，这些方法有助于更好地理解程序员所面临的诸多类型的障碍，有助于创建有效的提效措施，更好地评估提效措施的价值。并有助于对开发人员生产力产生积极的影响。

表 13-1　我们使用的方法（改编自 [11]）

方法	引用	支持的软件过程	主要好处	挑战与局限
语境调查	[1]	需求与问题分析	实验者可以洞察日常活动和挑战。实验者从开发人员的意图中获得高质量的数据	上下文查询非常耗时
探索性实验室用户研究	[14]	需求与问题分析	更容易专注于感兴趣的活动。实验者可以比较完成参与同一个任务的人。可以收集数值数据	实验环境可能与现实环境不同
调查	[16]	需求与问题分析评估与测试	调查提供定量数据。参与的人很多。调查（相对）很快	数据在报告里自恰，参与者有意识的影响，有偏见
数据挖掘（包括语料库研究和日志分析）	[9]	需求与问题分析，评估与测试	数据挖掘提供了大量的数据。实验者可以看到只有大的语料内容才会出现的模式	很难推断出开发人员的意图。数据挖掘需要仔细过滤
自然程序启发	[10]	需求与问题分析设计	实验者可以洞察开发人员的期望	实验环境可能与现实环境不同
快速原型	[15]	设计	低成本收集反馈信息	保真度低，容易遗漏关键问题

续表

方法	引用	支持的软件过程	主要好处	挑战与局限
启发式评估	[13]	需求与问题分析，评估及测试	可快速评估，不需要参与者	只能发现部分类型的易用性问题
认知走查	[8]	设计、评估及测试	可快速评估，不需要参与者	只能发现部分类型的易用性问题
有声思考可用性分析	[2]	需求与问题分析，设计、评估及测试	可发现易用性问题及开发人员的真实意图	实验环境难于接近现实环境。需要参与者。任务设计困难
A/B 测试	[6]	评估及测试	可获得新工具／技术对开发人员有利的直接证据	实验环境难于接近现实环境。需要参与者。任务设计困难

关键思想

以下是本章的主要思想。

- 人机交互研究中使用了许多方法，也可以用来研究阻碍和提高软件开发人员生产力的因素，帮助设计提高生产力的提效措施，然后再加以评估和改善。
- 事实证明，本章列出的十种方法在流程的各个阶段都有效。

参考文献

[1] H. Beyer and K. Holtzblatt. *Contextual Design: Defining Custom-Centered Systems*. San Francisco, CA, Morgan Kaufmann Publishers, Inc. 1998.

[2] Chi, M. T. (1997). Quantifying qualitative analyses of verbal data: A practical guide. *The Journal Of The Learning Sciences*, 6(3), 271- 315.

[3] Andrew Faulring, Brad A. Myers, Yaad Oren and Keren Rotenberg. "A Case Study of Using HCI Methods to Improve Tools for Programmers," Cooperative and Human Aspects of Software

第13章 基于行为分析方法来提高生产力

Engineering (CHASE'2012), An ICSE 2012 Workshop, Zurich, Switzerland, June 2, 2012. 37-39.

[4] Julie A. Jacko. (Ed.). (2012). *Human computer interaction handbook: Fundamentals, evolving technologies, and emerging applications*. CRC press.

[5] Andrew J. Ko, Brad A. Myers, Michael Coblenz and Htet Htet Aung. "An Exploratory Study of How Developers Seek, Relate, and Collect Relevant Information during Software Maintenance Tasks," IEEE Transactions on Software Engineering. Dec, 2006. 33(12). pp. 971-987.

[6] Ko, A. J., Latoza, T. D., & Burnett, M. M. (2015). A practical guide to controlled experiments of software engineering tools with human participants. Empirical Software Engineering, 20(1), 110-141.

[7] Thomas D. LaToza and Brad Myers. "Developers Ask Reachability Questions," ICSE'2010: Proceedings of the International Conference on Software Engineering, Capetown, South Africa, May 2-8, 2010. 185-194.

[8] C. Lewis et al., "Testing a Walkthrough Methodology for TheoryBased Design of Walk-Up-and-Use Interfaces," Proc. SIGCHI Conf. Human Factors in Computing Systems (CHI 90), 1990, pp. 235-242.

[9] Menzies, T., Williams, L., & Zimmermann, T. (2016). *Perspectives on Data Science for Software Engineering*. Morgan Kaufmann.

[10] Brad A. Myers, John F. Pane and Andy Ko. "Natural Programming Languages and Environments," Communications of the ACM. Sept, 2004. 47(9). pp. 47-52.

[11] Brad A. Myers, Andrew J. Ko, Thomas D. LaToza, and YoungSeok Yoon. "Programmers Are Users Too: Human-Centered Methods for Improving Programming Tools," IEEE Computer, vol. 49, Issue 7, July, 2016, pp. 44-52.

[12] Brad A. Myers and Jeffrey Stylos. "Improving API Usability," Communications of the ACM. July, 2016. 59(6). pp. 62-69.

[13] J. Nielsen and R. Molich. "Heuristic evaluation of user interfaces," Proc. ACM CHI'90 Conf, see also: http://www.useit.com/papers/heuristic/heuristic_list.html. Seattle, WA, 1-5 April, 1990. pp. 249-256.

[14] Jakob Nielsen. *Usability Engineering*. Boston, Academic Press. 1993.

[15] Marc Rettig. "Prototyping for Tiny Fingers," Comm. ACM. 1994. vol. 37, no. 4. pp. 21-27.

[16] Rossi, P. H., Wright, J. D., & Anderson, A. B. (Eds.). (2013). *Handbook of Survey Research*. Academic Press.

[17] YoungSeok Yoon and Brad A. Myers. "An Exploratory Study of Backtracking Strategies Used by Developers," Cooperative and Human Aspects of Software Engineering (CHASE'2012), An ICSE 2012 Workshop, Zurich, Switzerland, June 2, 2012. 138-144.

[18] YoungSeok Yoon and Brad A. Myers. "A Longitudinal Study of Programmers' Backtracking," IEEE Symposium on Visual Languages and Human-Centric Computing (VL/HCC'14), Melbourne, Australia, 28 July-1 August, 2014. 101-108.

[19] YoungSeok Yoon and Brad A. Myers. "Supporting Selective Undo in a Code Editor," 37th International Conference on Software Engineering (ICSE 2015), Florence, Italy, May 16-24, 2015. 223-233 (volume 1).

第14章 应用生物识别传感器来量化生产力

Marieke van Vugt（荷兰格罗宁根大学）/ 文　　吴齐元 / 译

生产力的度量

如果希望卓有成效，那么能够以某种方式来跟踪生产力将是极好的，可以确定哪些因素是促进或阻碍生产力的。生物识别传感器可能可以应用于这种跟踪。但是，"卓有成效"是什么意思呢？关于生产力一个简单的概念是能够持续关注而不分心。确实，要想高效完成简单的任务，例如填写常规的表格，需要仔细瞄准目标并确保不分心。但是，在复杂任务中，比如研发一个新的软件架构或实现一个复杂的特性，人们也需要创造力和跳出原有框架思考，这与专注于一点不能兼容。换句话说，与创造力有关的生产力不依赖于专注，而是依赖于专注的反面——发散思维[1]——一种与任务不相关的思维过程。那是如何运作的呢？发散思维是指在完成一个任务的过程中，例如写计算机程序，同时想到其他事情，这会帮助你获得新的信息，而这些新信息会为你正在做的事情带来新的视角。这意味着不是特别专注且发散思维的内容同时被监控时，发散思维事实上非常有用。这同样也意味着单一的关注点并不一定是富有生产力的。举例来说，完全聚焦于一个不怎么费脑子的任务，如重复写同一行代码，不见得有生

© The Author(s) 2019

C. Sadowski and T. Zimmermann (eds.), *Rethinking Productivity in Software Engineering*,

https://doi.org/10.1007/978-1-4842-4221-6_14

产力。

总之，要想卓有成效，有时需要集中注意力，有时则需要分心。重要的是保证注意力聚焦于最紧要的目标且分散的注意力也与这些目标相关。注意力的焦点不能太窄，也不能太宽，应该指向当时最重要的任务。

有趣的是，当前大多数研发生物识别传感器的尝试都集中于对注意力焦点进行测量。我认为，另一个可以尝试的是注意力的目标导向，尽管在技术上更有挑战。目标导向型注意力不会导致容易沉溺而难以抽离的思维模式，诸如过度思考而引发的担忧*。

在本章中，我将先基于可以简单跟踪注意力的眼动追踪和脑电图（EEG）来讨论生物识别传感器，然后讨论一些可能应用的新传感器，它们可以跟踪广义上的生产力——这些生产力取决于注意力聚焦于最紧要的目标，不会被其他想法带偏。

如何保持关注

要想测量注意力，最简单的方法是追踪眼睛的视线和瞳孔的宽度。在实验室研究中是通过跟随眼睛的高档摄像头来测量的。其实，几乎每台计算机上配备的网络摄像头也可以提供类似的功能。我们的实验表明，基于网络摄像头的眼动跟踪足够灵敏，可以根据屏幕上显示的一组刺激来预测跟随其后的选择。

可以应用眼动追踪来测量什么呢？在一项研究外部刺激分散注意力的实验中，我们要求被试在主屏幕上执行记忆任务，同时在侧屏上放映猫的视频。我们发现，他们的眼睛被猫的视频所吸引[9]。注意力被猫的视频吸引而转移的频率取决于任务难度：任务消耗的视觉资源越多（需要非常精确地查看视觉图像），注意力因为猫的视频而分散的可能性越小。另一方面，任务需要的记忆资源越多（如记住一系列数字），越容易受到猫的视频所吸引。换句话说，在工作场所播放带有运动图像的视频是一个糟糕的想法。在另一项研究中，我们使用眼动追踪技术检查被试是否一直盯着自己想要记住的屏幕上的某个位置[3]。我们发现，与预期的一样，相比注意力专注的情况，注意力分散时他们的眼睛会较少注视那个位置。简而言之，在一个任务中让眼睛必须聚焦在

---

* 中文版编注：反刍是指不断重复和回忆过去，比如祥林嫂。担扰反映的是对未来（通常最不好）的预测。

某个特定的点或区域（例如，仅占屏幕一部分的编码窗口）时，测量视线可以用于有效地测量注意力。

但是在实际工作中，大多数时候并不需要将注意力集中在某个点上。在这种情况下，我们仍然可以应用基于眼睛的生物传感器，而不必测量瞳孔的大小。数十年来，瞳孔大小与精神上的努力状态 [4] 和唤醒状态 [2] 有关。例如，任务困难加大时，瞳孔直径会变大。而且，如果成功完成一项困难的任务并获得了奖励，瞳孔直径会更大。

许多研究发现，瞳孔尺寸减小会伴随着发散思维 [3, 11]。因此，保持聚焦和高生产力的一个潜在标识就是瞳孔的大小。瞳孔越大，说明生产力越大。实际上，我们之前曾使用瞳孔大小来标识打扰被试的最佳时间 [5]。一般来说，打扰的最佳时机是一个人的工作负荷较低时（如子任务之间的空档），而不是他 / 她正试图记住某件事或千头万绪正在决策的时候。研究表明，成功找到低工作负荷并在这个时候中断任务，表现会更好。这表明即使是在单次试验，中也可以应用，瞳孔大小并且可以作为测量生产力的备选指标。

应用脑电图来观察注意力

测量生产力另一个生物识别传感器是脑电图（EEG）。脑电图反映了脑细胞群自发的有节律电活动，是通过电极在头皮上测量得到的。脑电图经常用来测量走神和专注。一个常见的发现是，当一个人走神时，刺激引起的大脑活动减少，这表示注意力更多地指向内部，游离于其所在环境之外。尽管人们对阿尔法波（称为大脑的"放空电波"）在走神过程中的作用进行了长期研究，但这些研究并没有显示阿尔法波与走神之间有清晰的映射关系。

这一领域最先进的研究已经开始使用机器学习分类器来预测个体的注意状态。例如，Mittner 及其同事的一项研究 [6] 表明，行为实验和神经的结合，可以以几乎 80% 的准确率预测一个人是在执行任务还是在走神。这些神经测量包括功能磁共振成像（fMRI）。功能磁共振成像的问题是，在实际应用中，它并不是非常合适，因为需要昂贵的重型核磁共振扫描仪，在这种扫描仪中，患者必须躺下接受扫描。此外，核磁共振扫描仪会产生大量噪音，而影响到工作。然而，我们实验室最近的研究表明，使用更便携的脑电图仪预测大脑游荡的准确率可以达到 70%。此外，在我们的研究中，这种精确性是通过两种不同的行为任务来实现的，这表明它可以进入一个一般的走神测量，这对工作环境中的应用是至关重要的。

脑电图不仅可以用来测量走神，还可以用来测量脑力劳动。脑电图中最常用的脑力劳动指标是 P3，一种通常在刺激出现之后 300 ~ 800 毫秒时出现的一种电位[10]。当一个人非常努力地进行脑力工作时，P3 会更大；当一个人走神的时候，P3 会较小。这表明 P3 可能不是脑力劳动状态下非常独特的指标。同时，由于该 EEG 成分被离散刺激锁死，因此很难在办公环境中监视该电位，除非向个体呈现周期性的离散刺激来测量此 P3 电位。

考虑到这些问题，如果应用脑电图监测分心和生产力，就需要考虑一个问题：尽管脑电图系统不如核磁共振那么笨重，但是仍然非常不方便，而且需要花大量时间来设置（一般需要 15 至 45 分钟）。研究级别的脑电图系统包括一个织物帽，其中嵌入 32 到 256 个电极。每一个电极都需要通过电极凝胶和手动调节来确保它们与头皮连接。最重要的是，电脑需要连接到一个放大器，以增强在头皮上记录到的微弱信号，使它们不至于被噪声淹没。只有通过这些程序，才能采集到足够干净的信号。显然，这在工作场所是不可行的。

幸运的是，近年来来低成本 EEG 设备发展迅速。这种 EEG 设备只有 1 到 8 个电极，不需要大量准备工作（例如 Emotiv 和 MUSE）。如果将这些电极放置在正确的位置，则可能充当生产力监控设备。实际上，它们经常作为可以记录专注力的设备进行销售。尽管如此，研究级别的 EEG 系统与这些便携式设备比较发现，便携式 EEG 设备无法提供可靠的信号。许多人将电极放在前额上，就只能采集到肌肉活动而不是脑活动。当然，肌肉活动可以是人们精神紧张程度的指标，因为精神上的紧张与肌肉紧张有关，但它并不能说明走神或注意力分散的情况。例如，在做软件开发项目时，可能会很紧张，而在浏览社交媒体时，很放松。因此，目前 EEG 实际上只适用于在实验室环境下对生产力的进行测量。

如何测量反刍思维

如上所述，仅测量专注程度，还不足以测量生产力。此外，一定程度的思维活动和对相关目标的关注分配至关重要。这种思维活动很难用生物传感器来监测。但有，一个可能的信号与"反刍思维"———种很难抽离的思维过程——相关 [12]。反刍思维是反省活动的先兆，反省是一种很聚焦、不受控的重复性思考，一般是消极和自我指涉的 [7]。例如，反省可能是反复认为"我一文不值，我是失败者"并辅之以回忆相关经历，比如认为自己之前交付的工作质量不高。这种想法反复侵入一个人的意识，从而使之难以集中注意力，这是沮丧的人的痛苦遭遇之一。粘性走神可能表现为反复出现的担扰，例如认为自己不够好，或对孩子和未来的担心等。这些想法对生产力特别有害。特别是碰到需要费脑力凝神思考的时候，开发人员很多时候都属于这种情况。

最近的研究已开始了解并实验性地操纵这些"挥之不去"的思想游荡。我们发现，当人们认为自己有些想法总是挥之不去时，他们的工作表现自那一刻之前起就开始变差，且工作的持续时间也更不稳定 [12]。另外一个研究让人们应用配备的智能手机测量多日之内的想法，研究结果表明这种思虑会干扰正在进行的活动，并且需要更多努力去抑制。进一步的研究表明，相比之下，反刍的思维伴随着较低的心率变化 [8]。通常，较大的心率变化与幸福感相关，降低心率变异化是不好的。这意味着心率变化可能是生物特征监测的潜在目标，尤其是市面上出现了越来越多的低成本心率追踪器之后，例如集成在智能手表中的。

展望

此处讨论的研究共同表明，有几种可以测量生产力的生物特征监测方法，包括瞳孔大小、心率变化和 EEG，每种都有其自身的可能性和局限性。但是，这些方法的大多数都是在相对简单和人为的实验室环境中进行的，仅限于有限的实验设计。而在真实情况下，会有更多的场景，当前仍不清楚这些生物特征监测指标如何发挥作用。需要了解不同的生物特征监测方法可以起的作用边界条件，也可能需要将好几种不同的生物特征监测方法组合起来，以提供适度准确的干扰指数，从而区分有用的走神和有害的思想游荡。

这样的指标可能可以集成到拦截系统中，以帮助用户意识到他们的分心状态并提醒他们自己的长期目标。具有短期奖励或即时奖金的目标（例如社交媒体）在我们的大脑中不如长期的目标活跃时，分心或走神儿就发生了。即使在挥之不去的反刍式走神的情况下，一个小的提醒也可能足以使一个人抽离这一思维过程，并重新将注意力转移到更有生产力的长期目标上，例如写论文或完成计算机程序。

简而言之，我已经讨论了生产力意味着什么以及我们可以如何测量生产力。由于大多数工作需要的不仅仅是机械地集中注意力在单个事情上，测量生产力并非易事。不过，追踪注意力的有关研究提供了一个很好的起点，它们表明眼球运动、瞳孔大小、心率变化和脑电图都可以提供关于人的注意力状态的一些有用信息。另一方面，以上单个测量本身都不能提供万无一失的生产力指标。此外，其中有一些不太容易在现实环境中对其测量。因此，我认为生物特征监控最有效的用途不是跟踪生产力本身，而是帮助用户监控自己。生物特征传感器可以组合在一起，帮助用户意识到生产力可能下降并提醒他们恢复对最重要的长期目标的关注。

关键思想

以下是本章的主要思想。

- 尽管某些形式的生产力需要有针对性的注意力集中，但其他形式的生产力则需要思维灵活。
- 通过眼动追踪，我们可以了解一个人是否在全神贯注地工作。
- 脑电图也可以跟踪注意力，但很难用移动传感器进行测量。
- 反省是生产力的重要因素。

参考文献

[1] Baird, B., J. Smallwood, M. D. Mrazek, J. W. Y. Kam, M. J. Frank, and J. W. Schooler. 2012. "Inspired by Distraction. Mind Wandering Facilitates Creative Incubation." *Psychological Science* 23 (10):1117-22. https://doi.org/10.1177/0956797612446024.

[2] Gilzenrat, M. S., S. Nieuwenhuis, M. Jepma, and J. D. Cohen. 2010. "Pupil Diameter Tracks

Changes in Control State Predicted by the Adaptive Gain Theory of Locus Coeruleus Function." Cognitive, Affective & Behavioral Neuroscience 10 (2):252-69. Chapter 14 Using Biometric Sensors to Measure Productivity Chapter 14 Using Biometric Sensors to Measure Productivity

[3] Huijser, S., M. K. van Vugt, and N. A. Taatgen. 2018. "The Wandering Self: Tracking Distracting Self-Generated Thought in a Cognitively Demanding Context." Consciousness and Cognition Consciousness & Cognition 58, 170-185.

[4] Kahneman, D., and J. Beatty. 1966. "Pupil Diameter and Load on Memory." Science 154 (3756). *American Association for the Advancement of Science*:1583-5.

[5] Katidioti, Ioanna, Jelmer P Borst, Douwe J Bierens de Haan, Tamara Pepping, Marieke K van Vugt, and Niels A Taatgen. 2016. "Interrupted by Your Pupil: An Interruption Management System Based on Pupil Dilation." *International Journal of Human-Computer Interaction* 32 (10). Taylor & Francis:791-801.

[6] Mittner, Matthias, Wouter Boekel, Adrienne M Tucker, Brandon M Turner, Andrew Heathcote, and Birte U Forstmann. 2014. "When the Brain Takes a Break: A Model-Based Analysis of Mind Wandering." *The Journal of Neuroscience 34* (49). Soc Neuroscience:16286-95.

[7] Nolen-Hoeksema, S., and J. Morrow. 1991. "A Prospective Study of Depression and Posttraumatic Stress Symptoms After a Natural Disaster: The 1989 Loma Prieta Earthquake." *Journal of Personality and Social Psychology* 61 (1):115-21.

[8] Ottaviani, C., B. Medea, A. Lonigro, M. Tarvainen, and A. Couyoumdjian. 2015. "Cognitive Rigidity Is Mirrored by Autonomic Inflexibility in Daily Life Perseverative Cognition." *Biological Psychology 107*. Elsevier:24-30.

[9] Taatgen, N. A, M. K. van Vugt, J. Daamen, I. Katidioti, and J. P Borst. "The Resource- Availability Theory of Distraction and Mind-Wandering." (under review)

[10] Ullsperger, P, A-M Metz, and H-G Gille. 1988. "The P300 Component of the Event-Related Brain Potential and Mental Effort." *Ergonomics*

[11] Unsworth, Nash, and Matthew K Robison. 2016. "Pupillary Correlates of Lapses of Sustained Attention." Cognitive, Affective, & Behavioral Neuroscience 16 (4). Springer:601-15.

[12] van Vugt, M. K., and N. Broers. 2016. "Self-Reported Stickiness of Mind-Wandering Affects Task Performance." Frontiers in Psychology 7. Frontiers Media SA:732.

第14章 应用生物识别传感器来量化生产力

▉ 第 15 章　团队认知对开发人员生产力的影响

Christoph Treude（澳大利亚阿德莱德大学）

Fernando Figueira Filho（巴西里约热内卢联邦大学）

／文　　吴齐元／译

简介

在日常工作中，软件开发人员从事许多不同的活动。他们使用大量工具来开发软件，包括源代码、模型、文档和测试案例。同时，他们使用其他工具管理和协调开发工作，并且花费大量时间与团队中的其他成员以及软件开发社区进行知识交流。随着技术的发展，理解这些活动和海量信息变得越来越难。然而，了解软件项目中的所有相关信息，建立整体认知对提高软件开发的生产力至关重要。

理论上讲，认知被定义为"理解他人的活动，同时为自己的活动提供背景认知"。在任何团队协作环境中，理解其他团队成员的工作以及认识到其他人如何对自己的工作产生影响都是至关重要的。保持整体认知能够确保个人贡献与组织目标和工作一致。整体认知也可用于评估个人对团队目标和进度的贡献以及团队用于管理协作过程。

软件项目需要多种不同的认知，从整体认知（例如，项目的总体状态是什么以及当前

© The Author(s) 2019

C. Sadowski and T. Zimmermann (eds.), *Rethinking Productivity in Software Engineering*,

https://doi.org/10.1007/978-1-4842-4221-6_15

的瓶颈是什么）到细粒度认知，例如，还有谁正在处理同一个文件，且有未提交的更改？我在写的源代码会影响到哪些人？认知也包括短期瞬间的认知（在某个特定时间点上的认知，比如当前的构建状态）和长期阶段性的认知（比如代码演进和团队速率）。随着软件系统复杂性的增长，保持全面认知变得越来越具有挑战性。为了解决这种情况，在过去的几十年里，有许多工具可以用来帮助开发人员保持对项目中信息的全面认知。

鉴于可用的信息太多，工具不可避免地需要将一些细节信息进行抽象和聚合，这会带来风险。信息聚合具有潜在的非预期作用——量化开发人员的工作，实现跨人员和跨时间的生产力比较。例如，设想有一个工具，旨在提供关于开发人员正在进行的工作状态认知。此刻，工具可能会提示开发人员正在处理三个特性（通过计算当前分配给这个开发人员的状态为打开的问题数量），但是它可能无法说明开发人员目前正在做数据库连接器的重构，在修复 bug，以及在提高查询性能。虽然我们可以在工具中简单列出所有未解决的问题，但这会导致信息量过大。

在这一章中，我们讨论了认知和生产力度量之间的微妙关系，我们更主张设计在没有量化信息的情况下也可以提供认知的工具。同时，我们还报告了一项研究结果，其中我们询问了开发人员对此类工具的设计看法。研究表明，开发人员并不认为生产力可以分解为一个单一的指标。我们得出的结论是，虽然让开发人员了解软件项目得自动化工具是必要的，但是这些工具需要集中于总结而不是简单的信息度量。

认知和生产力

我们首先说明整体认知和开发人员生产力之间的关系，使用现有的认知类型分类作为指导方针。

- **协作认知**：协作认知是指对团队协作能力的感知，即人们是否集中在同一个地点办公、哪些人在线 / 离线以及他们的实际状态是否有空。在软件开发和许多其他领域,这些概念都与生产力直接相关。如果一个软件开发团队的成员被认为没有空，那么很容易得出结论，认为他们没有生产力。而一个总是在线和 / 或在同一个物理位置的团队成员将被认为生产力更高。

- **位置认知**：位置认知指的是空间的地理和物理性质，例如某人的物理位置。与协作认知类似，团队成员的实际位置可能与生产力有关。如果与其他人相比，共享办公空间的同事被视为拥有更多或更少的生产力，就会产生不同的导向，但也可能会产生文化影响，例如，如果开发人员位于外包地点，就会仅仅基于其所在地而被视为不同。

- **相关性认知**：相关性认知允许工作人员保持对项目中发生事情的感知。在软件开发项目中，相关性认知的例子，除了单个任务的信息，还需要了解下一版本的进度计划。如果开发团队没有进入正轨，那么这种意识往往是个弱项并影响团队的整体生产力。

- **社会认知**：根据 Antunes 等人的观点，社会认知意味着其他人对团队的看法。很容易看出软件开发团队中的社会认知与开发人员的生产力的关联性。如果团队成员对某项任务的贡献不够，会导致团队给人造成而印象是生产力低，反之亦然。

- **工作环境认知**：指与他人或工作环境进行互动时的理解。这种认知也与生产力直接相关：如果开发人员与工作环境的交互（例如，软件项目的问题跟踪系统）不如预期频繁或高效，该开发人员就会被视为没有成效。

- **情境认知**：情境认知是指了解周边发生的事情，以了解信息、事件和自己的行为将如何影响目标。在软件开发中，这个定义可以指对正在开发同一产品的其他团队工作的外围感知，对特定产品所依赖库更新的感知，或者对技术趋势的感知。与其他感知类型一样，这种感知也与生产力相关：如果另一个依赖的团队没有交付他们应该交付的功能，或者库中的一个关键错误没有得到修复，则认为开发人员生产力低下。

提高协同软件开发的认知

如前一节所述，在任何软件开发项目中，开发人员都需要了解许多不同类型的信息。然而，随着信息的泛滥，开发人员不可能也常常不需要总是清楚项目的方方面面。因此，需要一种信息过滤和聚合的机制。

许多工具（如信息流和仪表盘）开发出来以帮助开发人员收集相关信息并建立认知。

然而，这些工具通常侧重于定量方面，而不是定性方面，计算处于打开状态的问题数量比解释这些问题的内容更容易。接下来，我们将讨论开发人员对使用定量数量和定性数据是怎么看的。

将信息聚合为数字

自动化工具对于向软件团队提供关键的感知信息至关重要。在前面的工作中我们问开发人员如何设计这种工具。我们首先总结了我们在定量方面的研究结果，揭示生产力度量的信息认知风险。

我们的研究参与者强调，没有一个单一的度量标准，例如代码多少行和任务数等，能够真正反映开发人员在整个软件产品开发生命周期中的所有活动。例如，概念性的工作很难度量，只监测一个指标可能看不出来。改变架构或进行重构可能会产生重大影响，但对代码基础的影响很小。"同样，任务的难度也不能用代码行来度量。

软件项目在其开发周期中可能会经历不同的阶段。很难设计出一个统一的、一刀切的度量系统，可以在不同的项目环境和不同的开发工作流程中工作。此外，开发人员可能在一天内承担不同的角色。例如，与客户和用户的互动被我们的研究参与者视为一项难以度量的活动，尽管它是开发工作的一个组成部分："我们的系统以人为本。"

我们的研究参与者发现的另一个问题是，数据可以被欺骗，任何旨在度量生产力的自动化系统都有可能被利用。这尤其适用于一些简单的度量，如问题数量或提交数量："一个质量差的开发人员可能比任何人解决的问题都多，一个高质量的开发人员往往解决更少，但基本上不会再返工。基于这些原因，度量标准应该力求跟踪质量，就像跟踪数量一样。"

鉴于数字价值有限，我们接下来将研究质量机制对于提高信息认知质量的潜力。

将信息聚合为文本

正如我们在上一节中所讨论的，用数字来量化软件开发人员的工作有诸多不足。然而，软件存储库中的信息必须聚合才能实现认知，不必查看每个产出物的创建修改删除记录。考虑到这一点，在之前的工作中，我们向参与研究的人员展示了以下场景："假设今天是星期一上午，刚刚结束周末的休息。一位同事向你介绍他们上周的最新进展，"然后我们问他们，在这样的总结中，他们希望包括哪些信息。下面总结了从开发人员那里得到的答案。

软件开发人员日常工作中的许多信息可以分为预期和意外丙大类。预期事件包括对软件开发人员来说通常并不奇怪的状态更新，例如一个开发任务从打开状态转移到结束状态，意外的事件通常不可预测，例如出现了一个严重的错误。我们的参与者认为，这两类活动都应列入总结。

软件开发项目中预期事件的总结主要关注不同的产出物（如开发任务或用户故事）如何在生命周期中移动。例如，一个参与者要求他们的"任务状态转换历史记录包括哪些任务在执行中、哪些已完成、哪些在测试中"。同时，他们也有兴趣了解短期和长期的计划以及推动这些计划的目标。

软件开发人员的基本认知工具通常支持对开发产出物和计划的感知。例如，燃尽图显示与计划相比实际完成的工作，看板显示任务及其当前状态。然而，这些工具的表现力仍然有限：燃尽图无法解释为什么项目没有走上正轨，同时它容易被误解为是在度量生产力。此外，它可以作假，例如对用户故事的高估。看板中包含的任务或工作项的数量往往太大，以至于很难通过看板上很难获得项目状态的大体 情况。

如果一个软件项目中的每件事都按预期进行，那么除了开发人员的例行工作外，可能并不需要任何特殊操作。然而，在软件项目中，事情并不总是按照计划进行的。需求可能会改变，可能需要进行重大重构，或者发现一个重大 bug。在这些情况下，开发人员需要采取行动。这就解释了为什么任何意外的事情都应该在软件开发活动的总结中发挥重要作用："我们减少了开发人员例会，并针对问题和新发现单独启动会议，避免了枯燥乏味的状态。唯一重要的是，有些事情没有走上正轨，比预期的要快，为什么？"

当我们询问参与者如何自动获取意外事件时，他们提到几个例子，特别是与提交历史相关的例子："长时间间隔的提交可能会很有趣。如果一个开发人员有一段时间不提交任何东西，那么他在长时间沉默后的第一次提交可能会特别有趣，例如，因为他花了很长时间来修复一个 bug。另外，重大提交可能有不寻常的提交信息，例如包含微笑符、大量的声明标记或类似的东西……，基本上表明开发人员对某些特定的提交有特殊感情。虽然开发工具显示预期的事件，尽管通常我们仍然关注数字而非文本内容，但对软件项目中重大意外事件的研究仍处在早期阶段。

重新思考生产力和团队认知

在软件项目的整个生命周期中，开发人员生产大量软件构件并执行许多操作。然而，这些事件中只有一小部分与个人活动相关。自动化汇集信息的方法非常重要，因为它们可以帮助开发人员避免手动过滤大量信息或要求其他人回答开发工作中可能出现的各种繁琐问题。

自动化方法可能产生定量信息，而不是定性信息，因为整合数字（例如，每个开发人员的问题数量）比整合文本信息（例如，开发人员正在处理的问题类型）容易得多。在大多数开发工具中，代码有我少行和打开 / 关闭了多少个问题等度量都是可用的，但我们研究的中许多开发人员发现，这些度量太有限，无法用作信息认知，并且担心这些简单的数字可能会被误解体现了为他们的生产力。简言之，认知可以影响对开发人员生产力的看法，基于工具通常提供的信息去做认知。通常并不准确。

从收到认知信息的人的视角看，不应孤立地提供数字：而应补充项目是否按计划进行的有用信息，即预期事件，最重要的是，它们应提供有关意外事件的信息。正如我们注意到的，很多认知工具的设计更加强调前一类信息，而让开发人员自己收集有关意外事件的信息。同样，认知工具为开发人员提供了更多表象相关信息，而较少提供动机相关信息。

如以上经验所示，自动化机制的设计应该考虑协同软件开发中团队认知和生产力度量之间的紧张关系。开发人员的信息需求与生产力间接相关，但信息通常由认知工具（如看板和燃尽图）呈现的方式可能会产生负面影响，因为它们有助于判断开发人员的生产力。我们发现，开发人员的最终目标与生产力度量无关，他们试图回答影响自己工作和预期事件流的问题。他们期望了解意外，以便能够更容易、更快地适应。

虽然有助于开发人员理解软件项目全貌的工具对提高开发人员的认知是必要的，但这些工具目前更倾向于定量信息而不是定性信息。为了准确地表示软件项目动态，工具在总结结论时需要小心，呈现的数字可能会被解读为生产力。我们主张使用自然语言和文本处理技术，以文本形式总结软件项目中的信息。根据研究结果，我们建议这些工具应该根据事件是预期还是意外来对软件项目中的事件进行分类，并使用自然语言处理来提供有意义的摘要，而不是可能被误解为体现生产力高低的数字和图表。

关键思想

以下是本章的主要思想。

- 有助于开发人员理解软件项目全貌的工具对提高开发人员的认识是必要的。

- 这些工具目前倾向于定量信息而不是定性信息，但要注重总结，而不是单纯的数字。

- 团队认知会影响对开发人员生产力的看法，开发人员不认为生产力可以分解为一个单一指标。

参考文献

[1] Paul Dourish and Victoria Bellotti. 1992. Awareness and coordination in shared workspaces. In Proceedings of the 1992 ACM conference on Computer-supported cooperative work (CSCW '92). ACM, New York, NY, USA, 107-114. DOI=https://doi.org/10.1145/143457.143468.

[2] Pedro Antunes, Valeria Herskovic, Sergio F. Ochoa, José A. Pino, Reviewing the quality of awareness support in collaborative applications, *Journal of Systems and Software,* Volume 89, 2014, Pages 146-169, ISSN 0164-1212, https://doi.org/10.1016/j. jss.2013.11.1078.

[3] Gutwin, C. & Greenberg, S. Computer Supported Cooperative Work (CSCW) (2002) 11: 411. https://doi.org/10.1023/A:1021271517844.

[4] Leif Singer, Fernando Figueira Filho, and Margaret-Anne Storey. 2014. Software engineering at the speed of light: how developers stay current using twitter. In Proceedings of the 36th International Conference on Software Engineering (ICSE 2014). ACM, New York, NY, USA, 211-221. DOI: https://

doi.org/10.1145/2568225.2568305.

[5] Christoph Treude, Fernando Figueira Filho, and Uirá Kulesza. 2015. Summarizing and measuring development activity. In Proceedings of the 2015 10th Joint Meeting on Foundations of Software Engineering (ESEC/FSE 2015). ACM, New York, NY, USA, 625-636. DOI: https://doi.org/10.1145/2786805.2786827.

▇ 第16章　软件工程仪表盘：类型、风险和未来

Margaret-Anne Storey（加拿大维多利亚大学）
　　　　　　　　　　　　　　　　　　　　/ 文　　金锐 / 译
Christoph Treude（澳大利亚阿德莱德大学）

摘要

着软件产品的不断开发，大量新建或修改的制品以及大量信息流的交换，项目干系人迫切的需要一种工具将这些数据聚合起来提供更高层面的洞察。在很多软件项目以及其他行业中，面向领域的仪表盘被广泛使用，这些仪表盘通常展示了关于生产力以及其他方面的洞察。

福（Stephen Few，《信息仪表盘设计》作者）对仪表盘的定义：一种可以在单个电脑显示器上显示的可视化信息，用来展示满足需要所涉及的一到多个最重要的目标，以便相关人员可以随时监控。[4]

仪表盘是一种意识认知和沟通工具，用来协助人定义趋势、模式、异常以及为导致这些信息产生的原因。仪表盘用来指导他们进行有效的决策。[3] 这些仪表盘具备重要价值并且受欢迎是因为它们用自适应、不知疲倦的数据收集机制替代了原始低效的方式。

© The Author(s) 2019
C. Sadowski and T. Zimmermann (eds.), *Rethinking Productivity in Software Engineering*,
https://doi.org/10.1007/978-1-4842-4221-6_16

仪表盘的目标是将在组织的仓库中存储的原始数据加工成为可用的信息。在软件工程领域，仪表盘用来提供信息，以解答诸如 "这个项目按期进行么？" "现有的瓶颈在哪里？" "团队的进展如何？" [9] 在这一章，我们将审视在软件工程中使用的不同类型仪表盘及其使用风险。我们在纵览当前软件工程仪表盘趋势中结束本章。

在调查很少有人提出的仪表盘分类维度"度量的类型"时，生产力和仪表盘之间的联系变得显而易见。尽管并非总是这样，但是开发人员仪表盘中大部分的量化数据也可以用来度量开发人员的生产（在第 15 章有更详细的介绍）。举个例子，一个按照团队来分类的、用来展示尚未解决的问题的条形图可以轻易的被解释成为一个用来高亮显示最有效率团队的图表（遗留最少问题的团队）。生产力、研发团队以及未解决问题的数量三者之间的关系显然更加复杂，在我们研究开发人员仪表盘时，一位受访者证实：一个团队比其他团队有更多的缺陷，并不意味着他们所维护的组件就是质量更差的。[7] 相反，一个组件有更多的缺陷可能是因为它更复杂；或者它面向了用户角色；或者它是更加核心的组件被其他组件所依赖，因此会暴露出更多的预期之外的情况。

一小部分人提出根据仪表盘的角色对其进行分类，特别是根据其策略、分析和操作目的来讨论仪表盘。在软件项目中，出于操作的目的使用仪表盘是最常见的。这些仪表盘是动态的，基于实时数据，支持深入到特定的工件，比如软件项目中的关键缺陷。用于策略目的的仪表盘（所谓的"执行仪表盘"）往往避免交互元素，并关注快照而不是实时数据。

软件开发人员制作了很多文本工件，从源代码和文档到错误报告和代码评审。因此，在软件项目中使用的仪表盘常常组合不同类型的数据，即定性和定量数据。按团队分组显示的未解决问题数量的条形图是定量数据的一个简单示例，而 bug 报告中使用的最常见单词的词云是软件制品库中某些定性数据的简单表现形式。

另一个被少数人强调的重要维度是数据跨度。在为软件项目创建仪表盘时，必须考虑许 因素；例如，仪表盘是否具有企业范围的数据或仅具有来自单个项目的数据（考虑到项目往往不是独立的）？每个开发人员应该有自己的个性化仪表盘，还是一个项目中的所有仪表盘看起来都一样？此外，仪表盘可以覆盖不同的时间跨度，例如项目的整个生命周期、当前版本或上周。在软件项目中，每一周进行的工作都不同于任何其他的。例如，在特性或代码冻结期间的开发活动将不同于开始为新版本处理特性时的活动。

软件工程中的仪表盘

在软件工程中，仪表盘用于提供有关开发中的产品的信息和度量以及显示信息或支持对开发过程的分析。通常，其设计考虑了特定的干系人和目标，其中许多目标直接或间接的与生产力某些方面相关，包括产品质量、工作速度或干系人满意度（见第 5 章）。

在下文中，我们展示了一些高级仪表盘的类别（支持单个开发人员、团队、项目和社区），它们对应的使用者和在每个类别中支持的任务类型以及这些仪表盘的位置。

我们的目标不是详尽无遗，而是说明用于支持软件工程生产力的无数仪表盘。大多数软件工程仪表盘支持操作或分析任务，而较少支持策略类的任务。其中许多仪表盘是静态的，但是越来越多的软件仪表盘变得可交互，因为它们在如何理解、度量和管理软件生产力方面发挥着越来越重要的作用。

开发人员的行为

仪表盘可用于显示单个开发人员的活动和表现，例如如何分配编码时间（编写、调试、测试和搜索等）、开发人员在给定时间范围内有多少时间能够聚焦在开发上、他们可能面临的中断的数量和类型、使用其他辅助工具的时间、编码行为（例如，纠正语法错误的速度）以及指示他们为代码库贡献了多少行代码或功能的度量。当开发人员自己使用这些信息时，这些信息可以帮助他们进行个人表现的监控，并提高个人生产力，尤其是当仪表盘允许随着时间的推移对这些信息进行比较时。这样的仪表盘还可以帮助开发人员揭示项目代码本身的瓶颈（他们在哪些地方花了大量时间来写代码）或者他们自己的开发过程（参见第 22 章中仪表盘的另一个例子，以提高开发人员对工作和生产力的认识）。

Codeilike 是一个仪表盘服务的例子，它与开发人员的 IDE 集成，支持开发人员可视化个人的活动，显示浏览 Web 所花费的时间（如果他们选择使用的 Web 浏览器插件）、聚焦和中断时间、随时间变化的编码行为以及对项目特定区域的编码工作。WakaTime 同样会生成仪表盘来显示关于编程活动（如编程语言使用）的度量和洞察，并支持个人排行榜，允许开发人员自愿与其他开发人员竞争（努力提高效率）。ResueTime 提供了互动功能，允许开发人员设定个人目标并在可能偏离当前任务时提醒他们（例如，如果他们在 Facebook 上花费超过两个小时，就会收到提醒）。

除了在仪表盘中显示个人生产力信息外，许多服务还将定期通过电子邮件向开发人员（或其他干系人）发送信息；他们甚至可以生成一个度量来表示生产力得分（参见 RescueTime 中允许开发人员自定义生产力得分的示例），或者他们可以进一步阻止开发人员访问特定的网站以提高个人生产力。这些服务的主要特点是他们提供的仪表盘，但我们也看到他们开始提供更多的功能，超出了少数人给出的仪表盘的限制性定义。

团队表现

尽管许多仪表盘主要是为开发人员设计的，以获得对其自身活动和行为的洞察，但许多仪表盘在团队中为其他干系人（如团队领导、管理人员、业务分析师或研究人员）显示或聚合信息。

团队级信息可用于改善工作环境、开发流程或他们使用的工具。 许多服务（如 Codelike）提供特定的团队级仪表盘，显示团队度量，甚至跨开发人员排序信息。一些服务还为团队提供支持，帮助他们一起积极提高绩效。然而，有人担心在捕获单个开发人员可能执行的所有活动时，有关单个开发人员行为的信息可能不准确，并且这些信息可能被不恰当地使用。

在团队级别上跟踪和监视工作对于分布式团队尤其重要。Atlassian 工具套件提供的仪表盘不仅有助于个人开发人员和团队（参见 https://www.atlassian.com/blog/agile/jira-software-agile-dashboard）在整个团队中从个人和团队两个层面如何持续关注对他们的工作规范性 [2]。GitHub 还支持许多仪表盘向团队显示项目信息。另外，为了进行监控，开发团队可以使用任务看板来跟踪任务（如 Trello）。尽管此类任务看板通常不称为仪表盘，但它们可用于概览团队 表现并为团队管理提供支持。

由于敏捷团队需要处理大量数据以帮助他们管理和反思流程，因此他们会使用许多不同的工具来跟踪项目活动，特别是跟踪他们在多个迭代中的表现（例如 https://www.klipfolio.com/blog/dashboards-agile-software-developmen）。在敏捷团队中，仪表盘对管理者来说尤其重要。管理者负责在迭代期间跟踪所有进行中的工作，他们可能依赖于一个能够可视化展示所有未解决问题的仪表盘，查看未解决的问题分配给了谁，以及未解决问题的优先级是什么。仪表盘上显示的燃尽图表会显示团队如何根据预测的燃尽线进行计划的跟踪。Axosoft 是另一个支持敏捷团队可视化跟踪进度的服务，用于更准确地进行计划的制定。

团队通常使用电视来展示仪表盘，以便团队和管理人员能够对敏捷项目中迭代的进度一目了然，而 Geckoboard 提供的仪表盘可以在电视屏幕上显示项目级监控信息，帮助团队关注关键绩效指标。

项目监控和绩效

为了显示特定项目级别的活动，GitHub 与其他代码托管服务一样，广泛地使用仪表盘向经理、项目所有者和其他开发人员提供洞察，他们可能需要根据使用仪表盘带来的价值做决策、依赖或参与特定项目（https://help.github.com/categories/visualizng-repositorydata-with-graphs/）。GitHub Stats 使用 Grafana 来监控项目，它可以可视化一段时间内项目 fork、star、issue 数量和其他项目度量。Bitergia 还提供了许多用于可视化项目和组织级信息的仪表盘，这些仪表盘从许多不同的独立工具中提取数据。

由于现在许多项目都依赖于持续集成和持续部署服务，许多仪表盘可以直观地看到代码是如何在流水线中移动，特别是在新功能在 A/B 测试实验中进行时。通过可视化监控正在运行的服务的性能、跟踪中断等，可以提供额外的 DevOps 支持。（参考 https://blog.takipi.com/the-top-5-devops-dashboards-every-engineershould-consider/,https://blog.newrelic.com/2017/01/18/dashboards-devopsmeasurement/ 和 https://www.klipfolio.com/resources/dashboardexamples/devops 提供的 devops 仪表盘）

还有一些项目级仪表盘特别关注客户管理。Zendesk 仪表盘显示了客户如何使用特定的 Web 应用程序，以及他们如何使用客服渠道与开发团队进行沟通，他们将最终用户的满意度进行可视化展示。同样，AppNeta 创建的仪表盘提供了随着时间的推移，关于终端用户对 Web 满意度的反馈。UserVoice 还提供了仪表盘，但更进一步以路线图的形式帮助产品明确客户反馈的优先级，以指导未来发展的优先级。

社区健康度监控

一些与项目仪表盘服务相关的服务专门针对社区或生态系统级别进行可视化数据的展示。例如 CHAOSS 网站收集并可视化数据以支持像 Linux 这样的开源社区健康分析。对于 Linux，基金会定义了十分有趣的健康度量标准。例如他们许可证的使用数量与其他许可证使用数量的比较（https://github.com/chaoss/metrics/blob/master/activity-metrics-list.md）。

结语

正如我们所看到的，仪表盘的基础生态已经存在（并且能够存在），用来可视化软件开发信息的服务是极其广泛和多样的。他们广泛的支持干系人和任务，并托管在不同的媒介上。我们还看到一些仪表盘通过提供附加功能和服务扩展了仪表盘的概念。然而，我们也可以预期，它们在分析方面提供的能力会带来一些风险，我们接下来讨论这些风险。

使用仪表盘的风险

尽管仪表盘在将仓库中的数据转换为可消费的信息方面十分有用，但是仪表盘也存在风险。的确，像我们社区中的其他人一样重新思考软件工程中的生产力，我们也建议同时重新考虑如何使用仪表盘。下面将在软件工程项目和软件开发人员生产力的背景下讨论风险。

- 仪表盘更倾向于显示数字而不是文本：而许多软件开发人员使用的工件是文本，例如需求文档、提交说明或缺陷报告，在仪表盘上显示这些文本工件的内容并不简单。聚合文本信息的相关技术，例如 topic 建模或摘要算法并不能一直产生完美的结果，所以仪表盘上通常更容易呈现数字而不是文本。因此，开发人员 仪表盘是更像是包含关于关闭了多少个问题的信息，而不是哪个功能中包含的缺陷最多的信息报告。为了应对这一挑战，需要文本处理研究方面取得进一步的发展，特别是在软件项目中非常需要多种类工件全景图。

- 仪表盘可能不显示相关上下文：聚合信息意味着遗漏了一些细节，这通常意味着并非能获取所有上下文信息。仪表盘显示关于严重错误修复的信息可能不包含此错误修复的注意事项；比较花费在浏览器中时间和花费在 IDE 中的时间的表盘，可能无法包含哪些活动与软件开发有关的信息。此外，没有两个软件项目是一样的。而仪表盘上的聚合信息可能会邀请用户在项目和公司之间进行比较，这些比较通常是有缺陷的，因为他们忽略了重要的上下文。在某种程度上，可以通过仪表盘支持交互并允许其用户下钻得到更完整的信息来解决问题。

- 仪表盘通常不解释原因：仪表盘可能能够显示一个团队的未解决问题比另一个团队的少，一个组件的缺陷比其他组件少，或者与上一个月相比，开发人员在 IDE 中花费的时间更多。但是，许多仪表盘并没有解释这样的观察结果，如果没有解释，这些信息可能无法指导接下来的行动。例如，一个团队不知道他们需要做什么来减少他们的未解决问题的数量，这很可能没有明显原因解释一个组件为什么比另一个组件有更多的问题，开发人员可能不知道他们可以做些什么来改进生产力。

- 为了度量而度量：古德哈特定律通常被称为"当度量成为目标时，就不再是好的度量。"它用来描述在软件开发项目中使用仪表盘的另一个风险。例如，如果仪表盘强调有多少未解决的问题，开发人员会变得更加谨慎打开新的问题，将几个较小的问题合并到一个。类似地，如果仪表盘强调生产力等于在 IDE 上花费的时间，开发人员可能会犹豫是否要跳出 IDE 去查找信息。在这两个例子中，这可能不是仪表盘的意图，但几十年的游戏化研究已经表明人类倾向于用这种方式"玩"系统。作为我们之前一项研究 [8] 中的受访者告诉我们："开发人员是地球上最善于玩任何系统的人。"

- 仪表盘只能和基础数据一样准确：许多研究发现，在代码库中捕获的数据并不总是准确地反映开发的实际情况。例如，Aranda and Venolia[1] 发现关于软件 bug 的协作，不能仅从代码库中提取，否则会导致不完整且错误的描述。在一项

GitHub 的研究中，Kalliamvakou 等人 [5] 发现几乎 40% 的拉取看似没有合并，即使它们实际上已经合并。这里仅举两个单独的例子，用来说明仅仅查看代码库数据可能对软件开发的不同方面提供了不准确的说明。如 果仪表盘基于这些数据，则不可能显示更准确的信息。

- 仪表盘只能显示跟踪到的数据：即使现如今的软件仓库库能够获取非常多的软件开发人员的行为数据，但仍然有许多活动没有被捕获。例如，代码库无法获取开发人员之间为修改一个特殊 bug 而做的沟通。另外一个例子，在办公室以外与客户的谈判虽然是关键信息，但依然不可能记录在代码库中。数据库中不存在的信息不能显示在仪表盘中，因此仪表盘的用户必须注意仪表盘可能无法提供完整的相关信息。

- 仪表盘上与绩效相关的数据很容易被误解为生产力数据：很多的在仪表盘上展示出来的度量数据，例如未解决问题数或代码行数，可以被解释为生产力的度量标准。 致使在开发人员、团队或组件之间进行比较的时候忽略了软件开发的诸多复杂性。如前一章所述，开发人员对这种生产力的度量有许多保留意见。因此，他们只接受那些不把软件开发的复杂性归结为一个单一指标的仪表盘。福（Stephen Few）提到， 分析类的仪表盘需要巧妙的绩效度量，在这些绩效指标建立之前，它们不应被其无懈可击的对手所取代。

仪表盘通常不能很好地表现实际目标：在软件开发组织的目标和仪表盘中显示的事项之间存在着一种张力。组织的目标可能是长期的价值创造，而仪表盘经常使用相对较短的时间跨度。客户满意度等价值观不容易从数据库中提取，即使他们实际上可能比在一个项目中未解决的问题的数量或在 IDE 中花费的时间更符合组织的目标。

重新思考软件工作中的仪表盘

随着软件工程变得越来越数据驱动以及创建仪表盘的工具变得更易于使用，我们希望看到仪表盘在软件工程中扮演越来越重要的作用，以及提供更多的功能。对于个人开发人员，仪表盘提供了个人生产力的洞察，团队和项目使用它们来监控绩效，管理者和社区领导用它们来做决策。

我们期望在接下来的几年里人工智能、自然语言处理以及软件机器人 [6] 也会影响仪表盘的设计和提供的功能。显然，越来越多的数据方面的洞察会自动显示在仪表盘上，改善开发人员和其他干系人通过仪表盘相互协作的方式。此外，人工智能和自然语言处理技术将被用来指导关于何时、如何使用仪表盘的洞察，仪表盘对软件项目的影响以及如何随着时间的推移改进其设计。

我们同样好奇，仪表盘是否可以部分替代其他模式信息交流（如 PPT），事实上我们已经观察到（非正式地）一些大型软件公司就是这样做的。一旦这些仪表盘呈现相关数据，即使收集的数据或分析和呈现有不准确的地方、有偏见或误导，一些干系人是否会将它们显示的视图视为"真相"？我们是否充分了解他们在软件工程项目中可能扮演的角色，以及当他们强调或揭示的数据可能对干系人是非常敏感的？

随着时间的推移，仪表盘和创建仪表盘的技术可能变得无处不在，而且更容易使用。它们是否会加强或可能损害和减少生产力，或者他们是否能提供关于生产力的见解还有待观察，但是我们需要小心创造和使用它们。我们希望这一章能够带来一些关于仪表盘不同使用方式的见解，以及一些他们可能给我们社区带来的风险和未来的机会。

关键思想

以下是本章的主要思想。

- 用仪表盘来可视化软件开发信息具有广阔的前景。
- 对于个人开发人员，仪表盘提供了个人生产力的洞察，而团队和项目用来监控绩效，经理和社区领袖用来做决策。
- 仪表盘所提供的分析能力可能带来风险，如对生产力相关数据的错误解读以及对目标的偏离。

参考文献

[1]   Jorge Aranda and Gina Venolia. 2009. The secret life of bugs: Going past the errors and omissions in

software repositories. In Proceedings of the 31st International Conference on Software Engineering (ICSE '09). IEEE Computer Society, Washington, DC, USA, 298-308.

[2] Arciniegas-Mendez, M., Zagalsky, A., Storey, M. A., & Hadwin, A. F. 2017. Using the Model of Regulation to Understand Software Development Collaboration Practices and Tool Support. In CSCW (pp. 1049-1065).

[3] Brath, R. & Peters, M. (2004) Dashboard design: Why design is important. DM Direct, October 2004. Google Scholar

[4] Few, Stephen. 2006. Information dashboard design: the effective visual communication of data. Beijing: O'Reilly.

[5] Kalliamvakou, E., G. Gousios, K. Blincoe, L. Singer, D. M. German, and D. Damian. 2014. The promises and perils of mining GitHub. In Proceedings of the 11th Working Conference on Mining Software Repositories (MSR 2014). ACM, New York, NY, USA, 92-101.

[6] Storey, M. A., & Zagalsky, A. 2016. Disrupting developer productivity one bot at a time. In Proceedings of the 2016 24th ACM SIGSOFT International Symposium on Foundations of Software Engineering (pp. 928-931). ACM.

[7] Treude, C. and M. A. Storey 2010, "Awareness 2.0: staying aware of projects, developers and tasks using dashboards and feeds," 2010 ACM/IEEE 32nd International Conference on Software Engineering, Cape Town, 2010, pp. 365-374.

[8] Treude, C., F. Figueira Filho, and U. Kulesza. 2015. Summarizing and measuring development activity. In Proceedings of the 2015 10th Joint Meeting on Foundations of Software Engineering (ESEC/FSE 2015). ACM, New York, NY, USA, 625-636.

[9] Gregory L. Hovis, "Stop Searching for InformationMonitor it with Dashboard Technology," DM Direct, February 2002.

第 16 章 软件工程仪表盘：类型、风险和未来

第 17 章　COSMIC 方法：用于度量生产力的产出

Charles Symons（英国 COSMIC）/ 文　　王一男 / 译

软件活动的生产力通常可以定义为工作投入 / 工作产出，其中，工作投入是工作产出所需要的工作量。在本章中，我们描述了 ISO 标准的 COSMIC 方法，该方法旨在度量软件过程中工作输出的大小。对于大多数类型的软件，度量的大小对生产力度量和工作量估算都必须是有用的。

在本章中，我们抛开了所有如何解释和利用软件活动生产力度量的问题（例如，影响生产力的因素和度量对被度量者的影响等）。我们面临的挑战是如何以某种方式来度量软件开发人员的工作产出大小。

- 与所使用的技术（例如语言、平台和工具等）无关，因而可以跨技术栈比较生产力。

- 对被度量的团队或项目来说是可信的以及可接受的，使其工作产出与总的工作投入有明确的联系，而不仅仅是团队中程序员产生了多少行代码。

- 在预测未来的工作量方面要非常有用。

- 在如何使用结果方面不会占用太多时间和精力（自动化度量是理想选择）。

该方法不仅要能够度量新软件的已交付与 / 或已开发的产出大小，还要能够度量维护

© The Author(s) 2019
C. Sadowski and T. Zimmermann (eds.), *Rethinking Productivity in Software Engineering*,
https://doi.org/10.1007/978-1-4842-4221-6_17

类或者增强类软件的已变更部分的产出大小或者软件服务支持活动的产出大小。

功能大小的度量

20 世纪 70 年代末，阿尔布雷切特（Allan Albrecht）提出了一种度量软件功能需求大小的方法，即"交付给用户的功能数量"。这个很好的横向思考引领了功能点分析的发展。他的方法现在由国际功能点用户组（IFPUG）维护，并且仍然在广泛使用中。

相对于代码行的数量，功能点分析是工作量度量的是一项重大进步，因为后者与技术相关，并且，在软件项目取得良好进展之前无法准确估算，对大多数项目预算而言为时已晚。相比之下，以功能点为单位的需求大小与技术无关。因此，功能点用于比较不同技术和开发方法等的生产力，并且，在项目早期需求获取过程中，就可以估计软件的大小。

但是，在现代软件开发的背景下，阿尔布雷切特的功能点分析存在许多缺点。因此，在 1998 年，一个国际软件度量专家小组成立了国际通用软件度量国际联盟（COSMIC），旨在开发一种新的度量功能需求的方法，来克服功能点分析的弱点。表 17–1 总结了阿尔布雷切特的功能点分析和 COSMIC 方法的主要区别（FP = 功能点；CFP = COSMIC 功能点）。

表 17-1　阿尔布雷切特的功能点分析方法与 COSMIC 方法的比较

因子	阿尔布雷切特的功能点分析方法	COSMIC 方法
设计依据	20 世纪 70 年代 IBM 的一种工作量估算方法	基本的软件工程原理
设计适用性	所有商业应用	商业软件、运行时软件、基础架构软件、适用任何层
大小范围	任何一个进程或文件的大小范围都受限制。例如，单个进程的大小必须在 3 ～ 7FP 的范围内	连续的大小范围。单个进程的最小可能大小为 2 CFP，但其大小没有上限
对变更的度量	只能度量要更改的整个过程或文件的大小	可以度量过程任何变更部分的大小，因此最小的更改是 1 CFP
可用性	会员订购	开放，免费[1]

COSMIC 方法

该方法的设计基于两个基本的软件工程原理，如图 17–1 和图 17–2 所示。在下文中，所有黑体字都是精确定义的 COSMIC 术语[2]。

- 软件功能由对软件外部的事件作出响应的**功能过程**组成，这些事件由**功能用户**（定义为"数据的发送者或预期接收者"）发起或接收。功能用户可以是人类、硬件设备或其他软件。

- 软件只做两件事。它移动数据（数据从其功能用户进入，然后跨越软件边界输出从 / 到**持久化存储**中）和操作数据。

图 17-1 事件 / 功能用户 / 数据组 / 功能过程关系

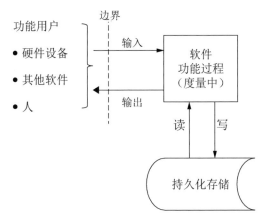

图 17-2 **功能过程的数据移动类型**

COSMIC 模型的讨论

在本节中，我们将讨论模型的各个方面，这些方面可能会被认为限制了它作为工作产出度量标准的实用价值。

> 对于工作量估算，早在我们充分了解需求之前，就需要进行精确的 COSMIC 大小估算。

一旦有新的软件需求，估算人员的思考过程通常首先是"它有多大？"然后是"我应该用什么生产力指标来将大小转换为工作量？"例如，敏捷团队以故事点来估计用户故事的大小，并将以往冲刺中测得的速度指标用作生产力。从单个用户故事到整个系统之间的任何级别的开发或变更软件的工作量评估都涉及相同的思考过程。估算人员需要在每个相关级别上都有软件规模与工作量的关系，也就是生产力数据。生产力数据基于对完成了多少任务的度量，或者过去有新的挑战特征的项目。

然而，一个新软件的投资者通常很早期就需要一个用于预算目的的成本估算，在需求得到详细描述以便进行精确的 COSMIC 评估之前。因此，在实践中，对早期工作量的近似估算可能与对已交付需求的精确生产力度量一样常见。

如果图 17-1 和图 17-2 所示的 COSMIC 模型以及各个术语的定义是成功的，就意味着对于要度量的某个软件的任何给定工件，每个人都将确认并同意同一组功能过程。（产出物还可以是需求和设计及屏幕布局、数据库定义或工作代码的早期或详细说明。正确识别功能过程是确保度量可重复的基础。

COSMIC 方法的出版物包括一篇指南[1]，其中描述了几种方法，这些方法的复杂程度各不相同，用于度量早期需求的近似大小。所有这些方法都依赖于能够在新软件的早期需求中直接或间接地识别或估计功能过程的数量 n。例如，估算需求的近似 COSMIC 大小最简单的方法是将估算的 n 乘以一个功能过程的估算平均大小。更复杂的近似估算方法包括识别功能过程在已经估算过的软件中的行为模式。

想要用这些方法中的任何一种来进行 COSMIC 大小近似估算的组织，需要准确地度量一些软件的大小，并用结果来校准所选近似大小的估算方法。

那么非功能性需求呢？

一个旨在度量功能需求大小的方法可能有意忽略了非功能性需求（NFR）*。NFR 可能需要大量的精力才能实现。笼统地讲，功能需求定义了软件必须执行的操作，而 NFR 定义了对软件及其开发方式的约束。

有一项联合 COSMIC / IFPUG 的研究开发了 NFR 的明确定义和 NFR 术语的综合词汇表 [3]，并将它们大致分为两大类。

- 技术 NFR，例如要使用的编程语言或硬件平台或环境限制（例如要支持的用户数量）。这些 NFR 不会影响软件功能的大小。相反，它们可能是您在解释生产力度量时需要理解的因素，并通常在估算新软件开发成本时必须考虑的因素。

- 质量 NFR，例如对可用性、可移植性、可靠性和可维护性的要求。随着项目的发展，全部或大部分会演变成对软件功能的需求。可以使用标准的标准 COSMIC 方法和规则以正常方式度量此功能的大小或者可以根据需要按照新功能进行估算。

因此，使用 COSMIC 方法度量得到的大小应反映出软件上所有功能的输出是所有输入的结果，而不管此功能最初是根据功能需求还是非功能需求。

复杂度如何度量呢

基于功能大小的生产力度量有时会因为没有反映软件的复杂性而受到批评。在关于简单性和复杂性的讨论中，曼恩（Murray Gell Mann）在"夸克和美洲豹"中指出，粗略的复杂性可以定义为"在给定的颗粒度水平上描述系统的最短消息的长度"。因此，根据这个定义，COSMIC 可以在其功能过程的数据移动的粒度级别上，度量软件系统功能需求的复杂性。

但是，正如前面所说的，COSMIC 的大小估算没有考虑与每个数据移动相关的数据操作的大小或复杂性，即算法复杂性。但经验表明，对大部分商业软件、运行环境和基础架构软件而言，与每种类型的数据移动相关的数据操纵量变化不大。我只知道一个

---

* 用于系统响应时间的 NFR 可能部分导致对特定硬件的需求或对特定编程语言（即技术性 NFR）的使用以及对特定软件功能的需求。在功能大小的衡量中可以考虑后者。

数据移动算法的代码行数（LOA）度量值，是为一个非常大的实时航空电子系统块而开发的。这表明，例如，与一次数据移动相关的 LOA 的中位数为 2.5，其中 99% 数据移动的 LOA 不超过 15。这一证据支持了在这些领域中 COSMIC 方法设计的有效性，即数据移动的数量合理解释了任何关联的数据操作，但数学算法主导的软件领域除外。在商业软件、运行环境和基础架构软件中，这些领域通常很少而且集中。

如果某些软件的开发需要大量新的算法，那么与这项工作相关的工作可能应该从任何生产力度量中分离出来或应该单独进行估算。开发新的算法本质上是一个创造性过程，对于这个过程，可能没有有意义的大小 / 工作量关系。或者，可以度量与算法相关联的功能大小，例如通过对标准 COSMIC 方法的局部扩展来进行度量。

在组件驱动的软件开发世界中，功能需求的大小是否还有意义？

这个问题可以更普遍地表达为"在现代软件开发的世界中，COSMIC 大小度量方法是否仍然适用，并且仍然有意义。在现代软件开发中，很多软件是由可重用的组件组装而成的，例如在物联网 IoT 或移动应用程序中；当敏捷开发人员不相信详细文档，并且工作流程涉及很多迭代开发时；在外包软件合同中；等等。"

首先要指出，如果我们要理解软件生产力并将度量结果用于估算目的，那就需要一种可行的、可重复的、与技术无关的工作输出度量方式。COSMIC 方法可以满足这些需求，其大小可以在软件生命周期的任何时候进行度量。

由每个组织自行决定要解决的问题，然后自行决定如何以及何时应用 COSMIC 方法以及如何使用度量结果。

任何一种软件活动都可能导致多种类型的 COSMIC 大小度量，因此必须记录每次度量的参数，以确保其含义对将来的用户是清楚的。这些参数包括软件的应用领域及其在体系结构中的层级，区分如下。

- 变更或增强功能所带来的新开发范围。
- 从交付软件产生的开发的规模，交付的软件包括购买或重用的软件。
- 软件的分解（或聚合）级别。

经验表明，在继续度量更复杂的情况之前，组织应该在最常用的软件过程上开始对工作输出进行度量，以便 有信心使用 COSMIC 方法以及由此产生的生产力度量。

总而言之，COSMIC 方法的设计是一个折衷方案，既要考虑到我们可能认为的导致工作产出的所有因素，又要考虑到实际需要，即度量应该简单，不花太多精力。

COSMIC 与开发工作量的相关性

对于 COSMIC 方法是否实用，一个严峻的考验是"CFP 大小作为对工作输出的度量，是否与开发工作（即工作输入）的度量有很好的相关性？如果相关性良好，就说明生产力比较是可信的，结果可以用于具有已知置信度的新的工作量的评估。

令人高兴的是，几年来的研究表明，在可重复的条件下（相同类型的软件、相同的技术、工作记录的通用规则等），CFP 的大小与各种商用软件和运行环境的工作量密切相关[4]。根据一些研究，这种相关性明显好于使用 Albrecht 的 FP 值。

最近对敏捷软件开发的研究 [5] 也表明，在 Sprint 或迭代级别上，CFP 的大小与工作量的相关性远远好于故事点大小。故事点在单个团队中可能有意义，但不能用于跨团队生产力比较，也不能用于更高级别的工作评估。

图 17-3 显示了与加拿大安全和监视软件供应商进行的一项此类研究结果。在他们的敏捷过程中，将任务分配给持续 3 到 6 周的迭代。在计划扑克会议中，以斐波那契数表示的故事点为单位估算每个任务的工作量，然后将其直接转换为工作时间。图 17-3 显示了 9 个迭代中 22 个任务的实际工作量与预估工作量，这些工作总共需要 949 个工时。

随后，以 COSMIC 功能点为单位度量 22 个任务的大小。图 17-4 显示了针对这 22 个任务的实际工作量与 CFP 大小的关系。

当使用 COSMIC 功能点而不是故事点来度量大小时，这两张图清楚表明了任务估算大小与工作量之间显著改善的相关性。敏捷开发人员可以用 CFP 大小替代故事点来估计或度量其工作成果，不需要更改敏捷过程。

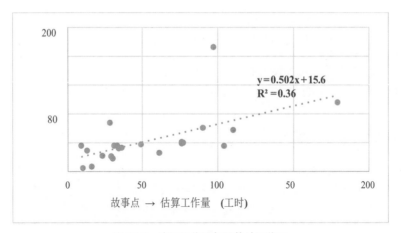

图 17-3　实际工作量与预估计工作量

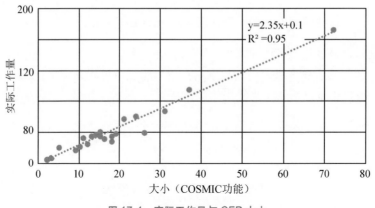

图 17-4　实际工作量与 CFP 大小

嵌入式实时和移动通信软件领域的研究表明，CFP 的大小与相应代码所需要的内存大小密切相关。

现在，使用 COSMIC 方法的组织通常用这些相关性来帮助评估早期软件需求或设计或在敏捷环境中评估开发工作量。

自动化 COSMIC 大小度量

从早期探索到商业开发，COSMIC 大小度量的自动化正在三个领域进行，并处于不同的阶段。

1.　使用自然语言处理或人工智能根据文本要求自动计算 COSMIC 大小仍处于开发阶段。此方法具有很大的潜力，因为它可以进行早期生命周期估算，例如，根据用户故事来估算工作量大小。

2.　在一些组织中，根据正式规格或设计自动进行 COSMIC 大小计算已达到商业开发阶段。这是两个示例。

- 通过 UML 模型自动度量 CFP 大小。波兰的一些公共部门组织依靠结果来帮助控制其软件外包合同的。

- 法国汽车厂商雷诺已经实现了 Matlab Simulink 工具[*]中包含的用于嵌入其汽车电子控制单元中的软件规格自动确定。CFP 大小用于预测 ECU 所需的开发工作量和硬件内存大小，并估计 ECU 的执行时间。然后，这些数据用于控制 ECU 及其嵌入式软件供应的性价比。众所周知，其他汽车厂商也正在实施这些流程。

3.　通过一些手工输入的"种子"代码，可以实现从静态代码和执行 Java 代码的自动化 COSMIC 大小分析，有很高的精度。

结语

ISO 标准的 COSMIC 方法已经达到其所有设计目标，并且已在世界范围内用于度量大多数类型的软件的功能大小（即工作输出）。

事实证明，度量的大小与几种软件的开发工作紧密相关。在某些已知的运行时软件案例中，计算出的大小 / 工作量关系用于效能评估，具有巨大的商业利益。该方法已由美国政府办公室推荐用于软件成本估算。

---

[*]　中文版编注：广泛用于系统建模、仿真和分析，比如自动驾驶系统。

该方法的基本设计原则始终有效。方法定义 [2] 已经成熟，并且在可预见的将来不会被改变。自动 COSMIC 大小的度量量已经在进行中。由于该方法基本概念的普遍性，所度量的大小应易于理解，因此对于效能度量软件社区来说是可以接受的。

度量和理解软件活动的生产力是一个多方面的话题。COSMIC 方法为量化工作量（生产力度量的关键组成部分）的许多需求提供了坚实的基础。

关键思想

以下是本章的主要思想。

- 对生产力量化和估算而言，重要的是要有对在不同环境下进行比较的量化工作量。
- COSMIC 功能点可用于度量生产力。

参考文献

[1] All COSMIC documentation, including the references below, is available for free download from www.cosmic-sizing.org. For an introduction to the method go to https://cosmic-sizing.org/ publications/introduction-to-the-cosmic-method-of- measuring-software-2/.

[2] "The COSMIC Functional Size Measurement Method, Version 4.0.2, Measurement Manual (The COSMIC Implementation Guide for ISO/IEC 19761: 2017)," which contains the Glossary of Terms.

[3] "Glossary of Terms for Non-Functional Requirements and Project Requirements used in software project performance measurement, benchmarking and estimating," Version 1.0, September 2015, published by COSMIC and IFPUG.

[4] "Measurement of software size: advances made by the COSMIC community," Charles Symons, Alain Abran, Christof Ebert, Frank Vogelezang, International Workshop on Software Measurement, Berlin 2016.

[5] "Experience of using COSMIC sizing in Agile projects," Charles Symons, Alain Abran, Onur Demirors. November 2017. https:// cosmic-sizing.org/publications/experience-using-cosmic-sizing- agile-projects/.

开放授权

▌第18章 基准化分析法：比较同类事物

Frank Vogelezang（荷兰 METRI 集团）

Harold van Heeringen（荷兰 METRI 集团）

/文　　白伟/译

摘要

对于几乎每个组织而言，软件开发都变得越来越重要。更快开发和向用户发布新功能的能力已经成为吸引客户并获得竞争优势的主要动力之一。但是，在软件行业中最好和最差员工间的生产力存在巨大的差异，所以生产力（成本效率、速度和质量）可能是许多组织胜出竞争对手的核心竞争力。

基准化分析法是将组织流程与行业领导者、行业最佳实践（向外看）或组织内部各个团队（向内看）相比较。通过了解最佳实践的做事方式，达成如下目的：

- 了解组织的竞争位置

- 了解流程或产品可能的改进点

- 建立参照点和目标

© The Author(s) 2019

C. Sadowski and T. Zimmermann (eds.), *Rethinking Productivity in Software Engineering*,

https://doi.org/10.1007/978-1-4842-4221-6_17

基准化分析法可以深入了解最佳实践，目的是了解如何改进自己从而取得或保持成功。软件研发基准化分析可以在任何可比较的范围进行：一个迭代、一次发布、一个项目或项目组合。

使用标准

基准化分析法的核心是比较。一个著名谚语说过"用苹果比较苹果，用橘子比较橘子"。软件行业的关键挑战之一是以用于评估、项目控制和基准化分析的方法来度量已完成的迭代、发布、项目或项目组合的生产力。但是，在生产力度量方面，对相似事务进行比较是否有成熟机制？

生产力的经济学概念通常定义为产出 / 投入。在软件开发中的生产力度量的场景下，产出通常以花费的工时来度量。尽管在基准化分析时定义正确的活动范围很重要，但以有意义的方式度量迭代，发布或项目的产出也同样重要。为了能够以"苹果比较苹果"的方式对生产力进行基准化评估，以标准化的方式度量产出至关重要。标准化的一个重要方面是度量是可重复的，因此不同的度量者对同一对象能评估出相同数值。实际上，正在使用的许多度量方法是非标准化的。由于产出未标准化，因此不同的方面可能会得出相同的数值，或者同一对象却获得不同的评级。这意味着生产力信不具有可比性，因此无法用于基准化评估。这些流行但未标准化的度量方法包括代码行（LOC）和所有类似方法，如用例量、复杂度和 IBRA 点等。而且，大多数敏捷开发团队中都很流行的故事点也不是标准化的，因此不能用于对跨团队或组织进行基准化分析。

目前，只有功能规格度量的相关标准（主要是 Nesma、COSMIC 和 IFPUG）才符合对标准化度量程序和度量间可重复的要求，可以用于跨域生产力基准化评估。

功能规格度量

功能规格是对软件提供的功能数量的一种度量，它是通过将软件为满足用户需求而必须执行的用户实践和过程量化得出，而与任何技术或质量考虑无关。因此，功能规格是对软件必须执行的操作的度量，而不是软件应如何运行的度量。该过程在 ISO /

IEC 14143 标准中也进行了描述。

COSMIC 方法度量入、出、读和写的发生（图 18-1）。

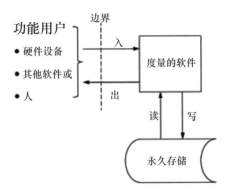

图 18-1　COSMIC 方法的基本功能组件入、出、读和写

COSMIC 是第二代功能规格度量方法。大多数第一代方法还会对数据结构进行量化。这限制了它们在软件处理事件中的使用。另请参见第 17 章，以获取有关功能规格度量的更多信息。

为了以可对比的方式对整个项目的生产力进行基准化评估，现在可以使用以下基本参数：

- 产出：功能规格以标准化方式度量
- 投入：合同内规定的工时消耗

在实践中，生产力公式（产出／投入）经常会出现每个工作小时内的功能点数量小于1。由于人不是计算机，更容易理解和解释大于 1 的数字，因此，在软件生产力的基准化评估中使用反函数的情况更多。这种投入／产出的公式称为"产品交付率"（PDR），即每个功能点的工作时间。这是一种以结果为导向的生产力评估方法。 有关评估生产力的更多详细信息，请参见第 8 章。

当以标准化方式度量生产力时，出于基准化评估的目的，需要将其与行业中有价值对的照组进行比较。对照组数据最有价值的来源是国际软件基准标准组（ISBSG）。该非营利组织根据标准化措施从行业中收集数据，并以 Excel 格式的匿名数据集的形式提供以便于分析。对于生产力基准化评估，这是该行业从业人员可用的主要资源。2019 年 2 月的 Development & Enhancements 存储库包含 9000 多个项目、版本和迭代， 其中大多数都有前面提到的功能规格度量方法之一"PDR"。

基准化评估的原因

基准化评估通过和行业领导者或竞争对手想比较了解组织的能力。这种最常见的基准化评估是聚焦向外看的视角。通常的目的是找到达到行业领导者生产力水平的方法或途径，或者以可以超越竞争对手的方式提高生产力。

基准化评估也可以采用对内视角。此类基准化评估的最常见示例是将最后一个迭代的速度与以前的迭代的速度进行比较。通常的目的是从早期迭代中学习哪些改进可以达到更高的速度。在第 3 章中，柯博士（Andrew Ko）进行了一次思想实验，认为我们应该专注于良好的管理，而不是生产力的度量。对于我们遇到的大多数成功组织而言，良好的管理将对生产力产生影响。但是，证明良好管理能够带来更高生产力的唯一方法是进行基准化评估。基准化评估需要度量生产力。

基准化评估的另一种用途是招标组织确定所谓的着陆区。着陆区是投标范围内最低、平均和最高价格的范围。这些范围基于市场经验。通过使用基准数据，可以提前对投标公司进行基准化评估。

提供招标范围的示例如下。

- 待维护的应用程序组合。

- 即将开发的新定制软件解决方案。

- 许多应用程序将被移植到云平台。

我们看到的投标没有包括着陆区以外的投标。"基准化评估的来源"部分介绍了如何获取此类着陆区的源数据，目的是确定他们期望投标公司的报价。

基准化评估的标准方法

2013 年，ISO 发布了描述执行 IT 项目绩效基准化评估的行业最佳实践的国际标准：ISO / IEC 29155 信息技术项目绩效基准化评估框架。该标准包括五个部分。

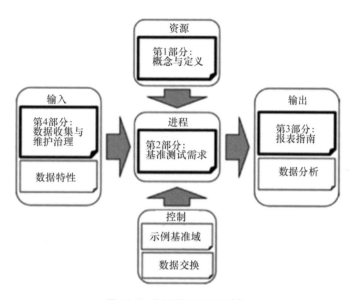

图 18-2　SO/IEC 29155 结构

该标准可以指导希望开始对其 IT 项目绩效进行基准化评估的组织，通过以下方式实施行业最佳实践基准化评估过程：

- 提供标准化的词汇表来说明建立基准流程中什么是最重要的
- 明确定义良好基准流程必备的条件
- 先提供输出用的报表指南，再进行数据的输入
- 提供有关如何收集输入的数据以及如何保持基准过程的指导
- 定义基准域

正如从 ISO 标准所期望的那样，该标准各部分的顺序是经过深思熟虑的。最重要的方面是人们需要知道他们在说什么，并且需要能够用相同的语言讲话。接下来的事情是预先定义一个良好过程的期望。然后，需要定义想知道的内容。在第 3 章进行的思想实验中，一些不错的示例说明了如果不正确定义它，可能会出错。完成准备工作后，组织就可以开始收集数据了，并且可以合理划分为不同的域，在这些域中，将苹果与苹果进行比较，将橙子与橙子进行比较。

归一化

基准化评估不仅仅是比较任何数字，而是真正的将苹果与苹果进行比较，用来比较的数据必须具备可比性。在调整规格时，可以在功能级别（例如，使用标准化功能规格度量）或技术级别上比较不同软件对象，也可以比较有关构建或维护软件的过程的不同硬数据，以进行度量和跟踪。甚至有关软件或过程的软数据也可用于评估不同软件之间的差异或相似性。对于预测和规划足够了，但对于真正的基准化评估来说是不够的。基准化评估除了你想评估的方面之外，在每个方面都相同时才有用。但实际上，几乎不会出现这种情况。为了有一个有意义的基准，所有未经审查的方面都必须相同，这称为归一化。基于数学转换或经验数据，可以将对等数据标准化以反映基准化评估项目的条件。诸如团队规模，缺陷密度和项目持续时间之类的东西可以被比较。当有大量对等数据的数据集可用时，最简单的方法是仅选择本质上可比较的对等数据，并且无需进行数学转换即可使用。当没有足够的对等数据可用时，可以标准化其效果已知的方面。

例如，团队规模的影响已得到广泛研究。当比较不同规模的团队时，受团队规模影响的方面（例如生产力、缺陷密度和项目持续时间）可以标准化以反映要进行基准化评估的团队的规模。

基准化评估的数据来源

有多种方法可以基准化评估行业生产力。全球有几家提供基准化评估服务的国际商业组织，这些年来收集了大量数据，例如 METRI、Premios 和 QPMG。也有可用的商业估算模型，使用户可以根据行业知识库（Galorath SEER 或 PRICE TruePlanning）或趋势线（QSM SLIM）对项目估算进行基准化评估。由于数据的机密性，这些商业团体通常不会透露其用于基准化评估服务的实际数据。通常仅传达基准化评估的过程和结果，而不传达所使用的实际数据点。当没有足够的内部数据可用于基准化评估内部项目时，基准数据的外部来源特别有用。可以定制这些外部资源以尽可能反映组织中的情况。

ISBSG 数据库

生产力数据的唯一开放来源是 ISBSG 数据库，它涵盖软件项目中的 100 多个指标。ISBSG 是一家国际独立的非营利组织，总部位于澳大利亚墨尔本。ISBSG 的非营利成员是来自世界各地的软件指标组织。ISBSG 不断发展并利用两个软件数据存储库：新的开发项目和增强功能（当前有 9 000 多个项目）以及维护和支持（超过 1 100 个应用程序）。数据由行业中的顾问和从业人员提交。向 ISBSG 提交数据的奖励是免费的基准报告，该报告将已实现的生产力，质量和速度与一些高级行业同行进行了比较。

所有 ISBSG 数据有以下特征：

- 根据其质量准则进行验证和评级
- 时效性强并且能代表行业
- 独立且值得信赖
- 涵盖各种组织规模和行业

由于可以在 Excel 文件中获取 ISBSG 数据，因此可以自己分析和确定项目生产力。只需要选择一个相关的对照组，并使用最合适的描述性统计数据分析数据集，例如"实践中的基准化评估"部分中的示例所示。

内部基准化评估数据库

如果进行基准化评估的主要原因是内部比较和改进，那么最好的来源始终是拥有内部基准化评估信息的数据来源。在这样的数据库中，不存在影响生产力的文化差异（请参阅第 3 章），并且可以通过可靠的方式进行归一化。在建立用于基准数据的内部数据库的过程中，理想情况下，也应使用此过程将这些数据提交给 ISBSG。这样，该组织就其在行业同行中的地位获得了免费的基准，并且通过另一个数据点增强了 ISBSG 数据库。

基准化评估实战

为了使所有理论都具有实用性，我们在本章结束时以一个简化的示例说明如何在实践中执行基准化评估。此示例显示了如何通过和他人比较来发现改进点。一家保险公司评估了 10 个已完成的 Java 项目的生产力。这 10 个项目的平均 PDR 为每个功能点10 小时。要在 ISBSG D & E 存储库中选择相关对等组，可以使用以下条件：

- 数据质量 A 或 B（数据完整性和数据完整性中最好的两个类别）

- 尺寸度量方法：Nesma 或 IFPUG 4+（可对比）

- 行业选项 = 保险

- 主要编程语言 = Java

根据这些条件过滤 Excel 文件后，结果可以显示在描述性统计表中，如表 18–1 所示。

由于生产力数据不是正态分布而是向右偏斜（PDR 不能低于 0 但没有上限），因此习惯将中位数而不是平均值用作行业平均值。在这种情况下，保险公司的平均生产力介于 25％ 和市场平均水平（中位数）之间。这看起来似乎不错，但目标可能是达到行业的前 10％。在这种情况下，仍有很大的改进空间。可以对其他相关指标进行类似分析，例如质量（每个 FP 的缺陷），交付速度（每月 FP）和成本（每个 FP 成本）。从这些分析中，可以清楚地看出哪些方面需要改进。将基准数据与业内最佳的同行或项目进行比较，可以发现基准项目与同类最佳项目之间的差异。这些差异可以成为改进工作的输入。

表 18-1

统计数据	PDR
数字	174
最小值	3，1
10% 百分位	5，3
25% 百分位	8，2
中值	11，5
75% 百分位	15，2
90% 百分位	19，7
最大值	24，8

不良导向

与任何类型的度量一样，基准化评估也有一定的风险。人们天生就有行为趋向于获得更好的度量结果。定义不当的措施将导致不良行为，或者如 柯博士（Andrew Ko）所说：

在追求生产力的同时尝试对其进行度量，可能会产生各种意想不到的后果。更快地速度会导致缺陷。度量生产力会扭曲导向。盲目的追赶竞争对手的步伐只会导致最终达到软件质量的最低点。

基准化评估需要对可以归一化的对象进行真正的对比。在软件开发中，这意味着迭代、发布、项目或项目组合。不应该对个人进行基准化评估。为什么？简单的答案是，没有办法使个人归一化。第 2 章有更多关于度量单个软件开发人员生产力的争论。尽管有充分的证据表明程序员之间的生产力存在 10 ：1 的差异，但它们也极为罕见。当您尝试比较个人时，一个有趣的例子是博客"您不是 10 倍效率的软件工程师"。毫无疑问， 有一些软件开发人员比其他软件开发人员要好得多，但是不能以巧妙的方式对这种差异进行基准化评估。当您比较每个单位时间的个人使用产出时，构建许多简单功能的初级团队成员似乎比最聪明的团队成员要好，但是最聪明的团队人员可以在帮助初级人员和审查代码的同时再帮其他成员解决三个最困难的任务。第 1 章中的事实对此进行了说明。

结语

基准化评估是将组织的流程与行业领导者或行业最佳实践进行比较的过程（向外）或者对自己的团队进行比较（向内）。通过了解表现最佳的做事方式，就有可能提高自己的水平。软件行业的主要挑战之一是以"苹果对苹果"的方式度量完成的迭代，发布，项目或项目组合的生产力，以便将该信息用于估算，项目控制和基准化评估等流程。 目前，只有用于功能规格度量的标准才符合对标准化度量程序和度量间可重复性的要 求，以产生可跨域进行比较的度量结果，从而获得基准生产力。基准化评估除了您要进行基准测试的方面，也必须在每个方面都相同时才有用，但实际上，几乎没有这种情况。为了有一个有意义的基准，所有未经审查的方面都必须相同，这称为"归一化"。 基于数学转换或经验数据，可以将参照数据标准化以反映基准化评估项目的条件。有多种基准化评估生产力的方法，最好的来源总是有一个内部基准数据库，在这样的数 据库中，可以以可靠的方式进行归一化。当没有足够的内部数据可用于建立内部项目基准时，基准数据的外部来源特别有用。可以定制这些外部资源以尽可能反映组织中的情况。与任何类型的度量一样，基准化评估也具有一定的风险。人们天生就有行为趋向于获得更好的度量结果。基准化评估需要对可以归一化的对象进行真正的对比。 在软件开发中，这意味着冲迭代、发布、项目或项目组合。不应该对个人进行度量。

关键思想

以下是本章的主要思想。

- 基准化评估对于比较团队和组织之间的生产力是必要的。
- 可以跨产品比较生产力，但是必须比较正确的事务。
- 仅当以标准化方式进行比较时，组织之间的比较才有意义。

参考文献

[1] Further Reading Wikipedia, on: Cyclomatic complexity, http://en.wikipedia.org/wiki/Cyclomatic_complexity, Lines of Code (LoC), http://en.wikipedia.org/wiki/Source_lines_of_code, Productivity, http://en.wikipedia.org/wiki/Productivity, Use Case Points, http://en.wikipedia.org/wiki/Use_Case_Points.

[2] Nesma, on IBRA points, http://nesma.org/themes/productivity/challenges-productivity-measurement.

[3] Scrum alliance, on Story points, http://scrumalliance.org/community/articles/2017/January/story-point-estimationsin-sprints.

[4] ISO, on: Information Technology project Performance Benchmarking(ISO/IEC 29155), http://iso.org/standard/74062.html, Functional Size Measurement (ISO/IEC 14143), http://iso.org/standard/38931.html.

[5] ISBSG, on the source of benchmark data, http://isbsg.org/project-data.

[6] Andrew Ko, on the downside of benchmarking, Chapter 3 in Caitlin Sadowski, Thomas Zimmermann: *Rethinking Productivity in Software Engineering*, Apress Open, 2019.

[7] Ciera Jaspan and Caitlin Sadowski, on the arguments against a single metric for measuring productivity of software developers, Chapter 2 in Caitlin Sadowski, Thomas Zimmermann: *Rethinking Productivity in Software Engineering*, Apress Open, 2019.

[8] Steve McConnell, on the underlying research of the 10x Software Engineer, http://construx.com/10x_Software_Development/ Origins_of_10X_-_How_Valid_is_the_Underlying_Research_/.

[9] Sean Cassidy, on the fact that you are most likely NOT a 10x Software Engineer, http://seancassidy.me/you-are-not-a-10x developer. html.

[10] Yevgeniy Brikman, on the rarity of 10x Software Engineers, http://ybrikman.com/writing/2013/09/29/the-10x-developer-is-notmyth/.

[11] Lutz Prechelt, on why looking for the mythical 10x programmer is about asking the wrong question, Chapter 1 in Caitlin Sadowski, Thomas Zimmermann: *Rethinking Productivity in Software Engineering*, Apress Open, 2019.

第 V 部分　生产力最佳实践

▊ 第 19 章　消除软件开发浪费以提高生产力

Todd Sedano（美国 Pivotal 软件公司）

Paul Ralph（加拿大达尔豪斯大学）　　　　　　　　 / 文　　杨扬 / 译

Cécile Péraire（美国卡内基·梅隆大学硅谷校区）

引言

正如我们在前几章中所看到的那样，度量软件专业人员的生产力不仅有挑战，而且还很危险。但我们不需要复杂的生产力度量指标来确定时间和精力的浪费是何时发生的。当我们看到软件工程师由于仓促完成发版而重写代码时，就是一个显著的信号，表明他们的生产力受到了影响。

在项目管理中，浪费是指消耗了资源却不使任何利益相关者受益的任何对象、属性、条件、活动或过程。开发过程中的浪费类似于物理学上的摩擦，从定义上讲，减少浪费可以提高效率和生产力。

但是，减少浪费可能具有挑战性。官僚作风、多任务、优先排序不佳和无形的认知过程通常掩盖了避免。人们很快会适应浪费的做法——这就是我们这里做事的方式。处理浪费而采取的行动是预防、识别和消除浪费。这些行动要求我们了解软件项目中存在的各种浪费。

© The Author(s) 2019

C. Sadowski and T. Zimmermann (eds.), *Rethinking Productivity in Software Engineering*,

https://doi.org/10.1007/978-1-4842-4221-6_19

为了更好地理解软件开发的浪费，我们在毕威拓（Pivotal Software）进行深入的基于参与者观察的扎根理论研究。毕威拓是一家大型的美国软件开发组织，以使用和发展极限编程而闻名[1]。毕威拓构建软件产品并为其客户提供敏捷转型服务。

扎根理论是一种从经验数据中系统生成科学解释的研究方法。参与者观察是一种数据收集的方式，研究人员亲身参与到项目中以获取内部人员的观察视角。我们考察了毕威拓团队与来自各个领域的毕威拓客户的工程师一起所从事的一系列敏捷转型项目。这项研究涉及两年零五个月的参与者观察，33 次密集的开放式访谈以及一年的回顾数据。这是对软件开发中的浪费的第一个实证研究。有关研究方法的更多信息，请参见 Sedano et al.[7]。

软件开发浪费的分类

在研究过程中，我们观察到了 9 种浪费（图 19-1）。本节说明每种浪费类型以及一个与之相关的矛盾，它使减少浪费的工作变得复杂。

构建错误的特性或产品　　积压事项管理不善　　返工

不必要的复杂解决方案　　过度的认知超负荷　　心理压力大

知识丢失　　等待/多任务　　无效沟通

图 19-1　软件开发中的几种浪费（©Todd Sedano）

*　中文版编注：易安信（EMC）、威睿（VMWare）和通用电气（注资 1.05 亿美金）合资成立的公司，主要销售系列软件工具和提供咨询服务，后来发展了计算及数据处理技术。2016 年获得 2.53 亿美元福特领投的融资。戴尔科技是其 2018 年 4 月美国纽交所挂牌上市的主要股东，其他股东还有微软、福特和通用电气。2019 年 12 月 30 日，被威睿（VMWare）以 27 亿美元的价格完成收购，专注于下一代企业云计算与大数据基础平台及敏捷开发实践。

构建错误的功能或产品

构建无法解决用户或业务需求的功能或产品的成本。

最严重的一种浪费是构建的功能没有人想要或需要，更极端的情况是整个产品都没有人想要或需要。

例如，在毕威拓的一个团队中，三名工程师花了三年时间构建系统，从未与潜在用户进行过交谈。交付的系统无法满足用户的需求。在花了 9 个月的时间来尝试更改系统以满足用户需求之后，管理层取消了该项目。另一个例子是一个医疗关系管理系统。在以用户为中心的设计中，团队忽略了用户反馈。他们花了一年时间来寻找用户，最后钱用光了。

我们观察到"构建错误的功能或产品"有两个主要原因。

- 忽略用户需求：这包括不进行用户研究、验证或测试；忽略用户反馈；开发低用户价值的功能。

- 忽略业务需求：这包括不引入业务利益相关者，利益相关者反馈缓慢以及产品优先级不明确。

以下技术可以避免或减少这种浪费：

- 可用性测试
- 功能验证
- 频繁发布
- 参与式设计

构建错误的功能或产品似乎与一个特定的矛盾有关：用户需求与业务需求。换句话说，有时用户的需求与业务需求有冲突。例如，对于一个移动 APP，营销组织坚持要加入公司新闻信息流。用户不希望新闻信息流并将其视为骚扰信息，因而拉低了他们对移动 APP 的评价。

积压事项管理不善

重复工作，急于完成较低价值的用户功能或延迟进行必要的缺陷修复所带来的成本。

敏捷软件开发所特有的一种优先排序问题是 backlog 倒置。原则上，所有 story 都保存在优先排序后的 backlog 中，因此 backlog 前面的 story 都是产品负责人（或等效人员）接下来想要完成的工作。但是，实际上，某些产品负责人只对前 n 个 story 进行优先级排序，之后则是中等优先级，低优先级和过期的 story 的混杂。当团队进度领先产品经理并开始开发第 n + 1 个 story 时，就会发生 backlog 倒置。

例如，在星期一，产品负责人检查 backlog 并重新确定接下来的 7 个 story 的优先级。团队完成了这 7 个 story，并开始开发第 8，9 和 10 个 story。由于这些 story 近期并没有优先级排序，该团队可能在不知情的情况下开发了低优先级的 story。

backlog 管理不善包括所有与优先排序不佳有关的浪费。我们观察到了许多"backlog 管理不善"浪费的原因：

- backlog 倒置
- 同时开发太多功能
- 重复工作
- 可供开发的 story 不足
- 功能开发与缺陷修复之间的不平衡
- 延迟进行测试或重大缺陷修复
- 轻率反复（见下文）

以下解决方案可以避免或减少这种浪费：

- 每周几次对 backlog 进行优先级排序
- 在开始新功能之前先完成手头的功能以最大程度地减少正在进行的工作
- 基于当前的工作更新 backlog
- 写足够多的 story 以保持领先于开发进度

- 在进行功能开发时定期进行缺陷修复
- 先收到用户反馈再进行更改

这种浪费还与一个矛盾有关：固执守旧与轻率反复。快速响应变化是敏捷开发的核心原则，并且经常被认为与拒绝变更相反。但是，对变化做出响应更像是在固执守旧（不合理地拒绝更改）和轻率反复（频繁更改功能，尤其是在同样好的选项之间任意替换）之间的中间立场。轻率反复的一个示例是，在一个项目中，业务反复纠结用户注册过程中的步骤的顺序和数量，最终导致发布延期。

返工

更改未能正确完成的交付工作的成本。

并非所有返工都是浪费。所涉及更改未能正确完成的交付工作所涉及的成本才是。由于不可预见或不可预测的情况而对产品进行返工并不是浪费。

例如，一个企业团队在交付 Python 代码的同时不断积累技术债务，终于使代码变得难以管理，以至于他们决定用 Go 重新写。我们将整个重写视为返工，因为忽略技术债务会随着时间的流逝而削弱软件的可理解性和可修改性，并且该团队可以通过在原来的 Python 代码变得无法控制之前重构它来避免返工。

我们观察到导致"返工"浪费的以下原因：

- 技术债务，即通过走捷径节省时间来实现按时交付而推迟了技术工作
- story 定义不明确，包括不明确的验收标准和 mock-up
- 拒绝的 story，即产品经理由于不满足验收条件而拒绝的 story 实现
- 缺陷，包括不良的测试策略以及未对缺陷进行根本原因分析

以下解决方案可以避免或减少这种浪费：

- 持续重构
- 开始 story 之前，审查验收标准

- 完成 story 之后，校验验收标准

- 改进缺陷测试策略和根本原因分析

重构代码以支持新的功能并不是浪费。团队无法预测将来要做哪些工作。相反，我们建议团队专注于使其代码实现与当前对系统功能和代码设计的了解保持一致。例行重构代码的团队可以降低新开发人员的入门成本，并提高其交付新功能的能力。整洁的代码还有其他好处：易于理解，易于修改且缺陷更少。重构代码以支持新的功能新功能固有的成本。相比之下，匆匆完成一项功能会带来技术债务，导致返工和不必要的认知负担。

返工浪费与"把事做好"和"快速做事"这一普遍存在的矛盾有关。最近对编程过程中的决策研究发现，这种矛盾影响了许多开发人员的行动，包括是否重构问题代码、是否着手实现想到的第一种方法或研究更好的方法 [5]。

不必要的复杂解决方案

创建不必要的复杂解决方案的成本： 错失简化功能、用户界面或代码的机会。

不必要的复杂性本质上是浪费和有害的 [3]。系统越复杂，学习、使用、维护、扩展和调试的难度就越大。

不必要的功能复杂性浪费了用户的时间，因为他们难以理解如何使用该系统来实现自己的目标。例如，一个产品要求用户填写与手头任务无关的表格字段。实施和维护那些不必要的字段既浪费开发人员的时间，又可能引入缺陷。

我们观察到以下原因可以导致"不必要的复杂解决方案"这类浪费。

- 从用户的角度来看，不必要的功能复杂性包括过于复杂的用户交互和业务流程。

- 从团队的角度来看，不必要的技术复杂性。这包括代码重复、缺乏交互设计重用以及过于复杂的技术设计。

以下解决方案可以避免或减少这种浪费。

- 首选更简单的用户交互设计。

- 首选更简单的软件代码设计。

- 考虑每个提出的功能是否值得引入额外的复杂性。

我们观察到与这种浪费有关的以下矛盾：前期大设计与增量设计。前期设计可能基于错误或过时的假设，从而导致昂贵的返工，尤其是在快速变化的环境中。但是，匆忙实施可能会导致无效的紧急设计，也导致返工。尽管在敏捷开发中强调响应能力，但架构师仍在努力回溯重要的决策和功能 [2]。

避免返工是对前期大设计与增量设计引发争论的关键，这两种方法的支持者都认为它们正在减少返工。但在观察到的项目中，似乎没有足够的前期考虑能预测用户反馈和产品方向。因此，被观察小组更喜欢逐步交付功能，并推迟与技术的集成，直到需要某个功能。

过度的认知负担

非必要脑力劳动的成本。

人类的工作记忆和智力资源有限。从技术上讲，认知负担是指任务需要多少工作记忆。但在这里，我们更普遍地使用过度认知负担来表示承受不必要的精神负担的成本。

例如，一个项目使用五个独立的测试套件，每个套件的工作方式不同。运行测试，检测失败并仅重新运行失败的测试需要学习五个不同的系统。从两个方面来说，这在认知上是不必要的负担：开发人员必须首先学习五个系统，开发人员必须记住所有五个系统的工作方式以免混淆。

据我们观察，以下原因导致了"过度认知负担"浪费：

- 技术债务

- 复杂或大型 story

- 低效的工具和有问题的 API、库和框架

- 不必要的上下文切换

- 低效的开发流程

- 代码组织欠妥。

以下解决方案可以避免或减少这种浪费的解决方案：

- 重构难以理解的代码

- 将大型，复杂的 story 分解为较小，更简单的 story

- 替换难以使用的库

- 一次完成一项任务，直到完成为止； 避免任务（被搁置转而去处理其他任务）

- 改进开发流程，包括更好的脚本和工具

心理压力大

使团队承受无助压力的成本。

压力可以是有益的（eustress）或有害的（distress）。例如，知道客户有很高的期望会给他们带来一点压力，这可以激励团队交付更好的产品。相反，担心生病的家庭成员、气得客户大吼大叫或认为可能丢掉工作，这些都会降低绩效。

心理压力可能有害，压力太大以至于难以承受。多少压力算太大呢？取决于个人，但每个人都有一个极限，难以承受的压力会降低绩效。痛苦或极端压力都会分散注意力。压力会使人感到焦虑、不知所措和缺乏动力。因此，我们认为，心理困扰本质上也算是浪费。

例如，我们观察到邮件列表上其他团队或其他开发人员的尖刻言论所造成的压力，包括"哇！ 22 个提交，0 个拉取请求（译者注：意指开发效率低，迟迟完不成）。"另一个例子是写在办公室白板上的发布日期倒计时。团队认为过分强调截止日期会增加压力并导致糟糕的技术决策。最终，倒计时被迫从白板上删除。

不同的人经历的压力不同。但是，我们观察到以下这些诱发压力的常见因素：

- 团队士气低落

- 紧急模式

- 人际冲突或不同团队之间的冲突

- 团队内部冲突

大量的研究调查了压力的性质、原因和影响。全面处理软件工程中的压力将足以形成一本厚厚的大部头。本研究仅支持用于检测和减轻压力的一些基本建议：

- 根据我们的经验，发现压力并不难，只需要问团队成员事情进展如何，通常情况下，这就足够了

- 有时可以通过缩小范围或延长截止日期来减轻与截止日期相关的压力

- 通过调解，可以减轻与人际冲突相关的压力

知识丢失

重新获取团队已知信息的成本。

当拥有独特知识的人员离开，包含独特知识的产出物丢失，或知识独立存在于在一个人、团队或系统中时，团队可能会失去知识。无论知识如何丢失，重新获得知识所涉及的成本都是一种浪费。

我们观察到以下原因会导致"知识丢失"这种类型的浪费：

- 团队流失（即人员轮岗到别的团队）。

- 知识孤岛（即重要信息掌握在一个人、一个组或一个系统内）

Sedano 等人 . [6] 提出了几种鼓励知识共享和传承的方法，包括持续结对编程、重叠的结对轮换和知识授粉（例如站立会议）。尽管我们没有直接观察，但代码审查还可以帮助知识共享并防止知识流失。

这种浪费与是通过交互还是通过文档来共享知识之间的矛盾有关。敏捷文献的关键见解之一是，面对面共享知识通常比通过书面文档来共享知识更有效。确实，文档常常很快变得过时且不可靠。

等待 / 多任务

空闲时间的成本，通常被多任务处理所掩盖。

当生产车间出现问题时，有时我们会看到人们在等。如果装箱工的箱子用完了，他们可能会闲着，直到有更多的箱子送达。这显然是一种浪费。

等待这种类型的浪费在软件专业人员中不太明显，因为等待通常隐于多任务的表象之下。例如，如果集成过程需要一个小时，那么程序员在等待集成时倾向于切换到其他一些优先级较低的工作。

我们观察到以下原因会导致"等待 / 多任务"这种类型的浪费：

- 测试缓慢或不可靠

- 缺少信息、人员或设备

- 产品经理花太多时间提供必要的信息

- 不同任务之间的上下文切换

以下解决方案可以避免或减少这种浪费：

- 通过限制进行中的工作来向外公开等待时间

- 对于短暂的等待，休息一下（例如打乒乓球），不要切换任务

- 对于更长的等待，利用等待时间来解决造成等待的原因（例如，缩短构建时间）

多任务处理以两种方式引入浪费。首先，多任务涉及从精神上过渡到新任务，这可能会非常耗时，尤其是在新任务需要认知的情况下。其次，当原先的高优先级任务再次可用时，多任务处理会产生难题。开发人员是完成第二个较低优先级的任务（延迟较高优先级的工作）还是立即切换回原先的任务（放弃进行中的工作）？

工程师闲置超时几分钟通常会受到负面评价。于是，尽管有上述缺点，工程师还是倾向于选择上下文切换到别的任务而不是等着继续做手头上的任务。

无效沟通

项目干系人之间沟通不充分、不正确、有误导性、低效或缺乏沟通所引起的成本。

无效的沟通本质上就是一种浪费。例如，产品经理注意到一个缺陷并将其添加到 backlog 中，但没有说明如何重现该缺陷。团队最终进行了排查，尝试不同的组合或向产品经理询问其他细节。另一个示例是，开发人员更改了会影响团队中其他所有开发人员的关键配置信息。开发人员没有告诉所有人他们需要拉取最新的代码，而是通过非及时沟通（例如 Slack）发布有关更改的信息。一些开发人员没有看到这种沟通，疑惑为什么代码会停止工作。当团队中已经有人知道答案时，他们还会浪费时间试图找出解决方案。

我们观察到以下原因会导致"无效沟通"这样的浪费：

- 团队规模太大

- 非及时沟通，分布式团队、分布式项目干系人以及当团队依赖于其他团队或团队外部的不透明流程时尤其明显

- 一个人或几个人主导对话或拒绝聆听

- 会议效率低下，包括会议期间没有重点，没有会议纪要，每天不讨论阻碍因素以及会议过多（例如长时间站立）

像压力一样，大量研究也考察了沟通的有效性，不过完整论述超出了本章的范围。但是，我们可以提出一些简单的建议：

- 对大多数人来说，大多数时候，同步（尤其是面对面）沟通似乎更为有效

- 轮流发言，参与者每次轮流发言一次，可以增进共识

- 强势参与者（例如，白人男性项目经理）打断弱势参与者（例如，非白人女性初级开发人员）会对思想的多样性和小组决策的质量产生寒蝉效应。其他参与者可以通过回答被打扰的发言者来减轻干扰，例如说："我们可以回到 Alex 所说的话吗……"

无效沟通可能会导致其他类型的浪费。例如，无效沟通导致延期，甚至可能导致等待

浪费。无效沟通导致对用户或业务需求的误解，可能导致构建错误的功能或产品，对现有解决方案的误解可能会导致构建过于复杂的解决方案和不必要的认知负担。无效沟通导致决策不善可能导致 backlog 管理不善。无效沟通导致技术错误，可能会导致缺陷和返工。无效沟通导致团队成员之间的误会可能导致冲突和心理压力。这些只是几个例子，突出了有效沟通的重要性以及无效沟通如何产生浪费。

前敏捷项目中的其他浪费

毕威拓（Pivotal）既精益又敏捷，已经消除了一些常见的浪费类型。使用瀑布式、计划驱动式或其他前敏捷方法的专业人员可能会因不必要的官僚主义而遭遇浪费。一些官僚主义对治理（尤其是大型）组织是必要的。但是，很多官僚主义是毫无意义的，有些是有害的。示例包括下面这些。

- **过度计划**：指的是以现有信息或项目环境的稳定性对预算、进度、阶段、里程碑或任务进行不切实际的详细估算。当一个计划需要大量的猜测和假设时，那是幻想，而不是计划。过度计划不仅浪费计划人的时间，而且如果现实偏离计划，还会造成心理压力。

- **过度指定**：这涉及以手头信息对需求或设计进行不切实际的详细指定。在有大型前期需求和设计阶段的项目中，过度指定是个常见问题。警告信号包括大量可选的低优先级或低置信度要求；干系人仍在争论项目目标的同时就开发复杂的架构；填充一些好几个月也无法完成功能。过度指定不仅浪费时间，还会限制开发人员，掩盖更好的解决方案并降低创造力。

- **绩效指标**：绩效考核研究的主旋律可能是绩效考核会降低绩效。所有的指标都可以被量化，指标量化会分散人员的精力和时间。考核只是激励他们量化考核优化的把戏，效率通常比量之前的更低。因此，量化绩效的尝试不仅浪费而且经常适得其反，特别是在奖金与考核标准挂钩的情况下 [4]。

- **没有意义的文档**：当有助于实现特定目标时，一些文档是必要的，甚至是至关重要的。但是，某些项目的装订夹都是些过期之前甚至永远都没有人会看的文档。没有意义的文档是一种无效沟通浪费。

- **流程浪费**：产出无意义的文档（报告、表格和正式请求）、无意义的会议（如大型公司或部门范围的会议，而不是团队会议）、无意义的审批（由于不信任做事的人）和工作交接，以上流程都在产生浪费。

- **交接**：将项目划分为多个阶段并在同一项目的不同阶段引入不同团队的组织会遭受交接浪费。交接浪费是将项目从一个团队转移到另一个团队的成本（知识、时间、资源和冲劲）。交接会造成其他浪费，包括知识流失、无效流沟通和等待。

遵循敏捷实践时，两种通用策略可能有助于减少浪费。首先，寻找慢反馈回路，因为缩短反馈回路通常有助于减少浪费。第二，积极取消造成浪费的政策。官僚主义的一个问题是，一旦制定了一项政策，该政策便成为官僚的目标，而与该政策所支持的组织目标无关。浪费是必然的，是实现组织目标所采取的最佳行动附带的，最佳行动与缺陷或过时的政策所引发的行动背道而驰。

讨论

以上讨论似乎表明所有问题都是某种类型的浪费，但事实并非如此。本节讨论有关浪费的特殊之处，并提供更多有关清除浪费的建议。

并非所有问题都是浪费

将项目中任何出错的内容标记为浪费是诱人，但并不正确。犯错是人类的天性。开发人员可能会在运行测试套件之前意外地推送代码。我们的知识是有限的。产品经理可能会写不切实际的用户故事，因为他或她不知道某些特定的限制。我们会忘记事情。开发人员可能会忘记向系统添加新类型时需要修改配置文件。我们是否将这些类型的错误概念化为浪费是个问题，但关注它们是无济于事的，因为它们通常不可预测。最好关注系统性浪费：以一致、可预测和可预防的方式影响广泛项目的浪费。

同样，将可预见的错误与仅在事后看来似乎是错误操作区分开也很重要。假设用户明确表明不希望使用某个特定功能，但无论如何，我们还是构建了它，可以肯定的是，没有人使用该功能。显然，这是浪费。相比之下，假设用户热衷于使用某个功能，我们因此构建了该功能，但由于用户意识到该功能确实不适用，因此该功能很快就被我们放弃了。这不是错误，而是学习。有时，如果想要构建功能，只能过过反模式对错误的事进行优先级排序、进行重构以及进行不充分的交流来了解实际的需求。不要让浪费的概念妖魔化增量发展和学习。

减少浪费

减少浪费通常很简单。白板上的倒计时使团队感到有压力？删！五个独立的测试套件需要永远运行？整合！构建一个没有人要的功能？停止！用户界面太复杂了吗？ 简化！不同程序员之间没有足够的知识共享？结对编程！官方审批流程效率低下？ 改！有时说起来容易做起来难，但也不异于难过造火箭。

问题在于，浪费通常是隐藏的。返工隐藏在"新功能"和"缺陷修复"中。构建了错误的功能是由于缺少良好的反馈。知识流失是由于没有意识到用于了解知识的管理方式。我们会隐藏压力以免显得自己不够强大。官僚主义掩盖了官方政策的浪费。因此，本章介绍了所有不同类型的浪费，如果您知道要找出浪费，则浪费更容易识别。

一旦确定浪费，就可以采用三种广泛的方法来减少浪费：预防、逐步改善和"垃圾日"。

- **预防**：这涉及创建阻止浪费的系统。用户研究阻止了"构建错误的功能"浪费。持续的重构阻止了"返工"浪费。结对编程、代码评审和重叠的结对轮替换可以阻止"知识丢失"[6]。每日站可以阻止"无效沟通"浪费。

- **渐进式改进**：减少浪费可以作为一种持续改进做法，与功能开发并行进行。可以在回顾性会议上讨论减少浪费的问题，每周可以在 backlog 中包括一项或两项减少浪费的任务。对大多数团队来说，这是一个很好的方法，因为在大多数组织中，将开发暂停数周以消除浪费是不切实际的,并且可能降低团队士气和客户满意度。

- **集中减少浪费**：垃圾日 / 垃圾收集日：一些公司预留特殊时期让员工可以自由地自主工作。例如，毕威拓有一个"黑客日"，在此期间，员工可以设立主题或做他们想要的任何东西。组织可以实施相似的时间段（"垃圾日"），在此期间，员工可以解决一些浪费的源头，例如，加快集成过程，删除冗余测试，简化过于复杂的过程，或者只是与同事见面以分享孤岛知识。

有一个相关的问题："如果我们已经识别出几种不同类型的浪费，首先应该解决什么？"

据我们观察，团队会使用以下过程来优先处理浪费。

1. 分别列出几种浪费。

2. 在图 19-2 之类的图形上绘制每个浪费。

3. 从易于清除和影响力高的最佳比率（例如，W1）开始，优先处理浪费，然后逐步处理到难以清除且影响较小的浪费（例如，W8）。

4. 将减少的浪费添加到 backlog 中（作为杂务），并在时间允许的情况下优先处理这些杂务。

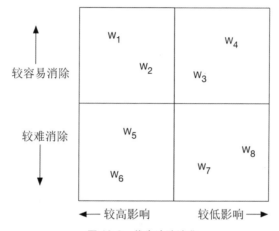

图 19-2　优先清除浪费

当然，消除一些（低影响/难以去除的）浪费可能不值得。例如，分布式团队通常会导致低效沟通浪费，但是当具备稀有技能的专家遍布全球时，这可能是最实用的解决方案。消除浪费应该并且通常是次要目标。消除浪费不应取代提供优质产品的主要目标。

在此，建议根据我们对浪费影响的最佳猜测来对浪费进行优先排序。准确量化每种浪费的影响是不切实际的。当团队甚至不知道丢失了什么知识时，如何量化压力特大的开发人员的低效率及其对身心健康的影响或知识损失的影响？ 量化浪费可能是一个不错的博士研究课程，但对大多数专业团队而言，可能是个不值得聚焦的麻烦。

结语

总而言之，软件浪费是指消耗资源而不产生收益的项目元素（对象、属性、条件、活动或过程）。浪费就像开发过程中的摩擦。解决这种摩擦的重要步骤是注意和识别浪费。在我们的研究中，确定了敏捷软件项目中的 9 大浪费类型：构建错误的功能或产品、backlog 管理不善、返工、不必要的复杂解决方案、不必要的认知负担、心理压力大、等待 / 多任务处理 / 知识丢失和无效沟通。针对每种浪费类型，我们提出了一些减少浪费的建议。减少浪费可消除摩擦，从而提高生产力。

软件专业人员越来越关注生产力（或速度），通常会采取愈发冒险的行为。在有人离职、生病或休假之前，尽快迭代是非常棒的，但直到这时团队突然意识到，没人知道这个系统的大部分工作原理或系统为什么会以这种方式构建。对许多公司而言，稳定性和可预测性比纯粹的速度更为重要。大多数公司都需要软件团队，尽管会遇到意料之外的问题、中断和挑战，但他们需要每周每月稳定地交付价值。

消除浪费，有助于组建一个更有韧性、抗破坏能力强的团队。这项有关浪费的研究属于一个更大型的研究，主题是软件项目中的可持续性和协同性所进行的更大一项研究的一部分。在 Sedano 等人 . [6]，我们提出了一种可持续软件开发的理论，该理论通过以可持续性为中心的新原则，新政策与新实践扩展和完善我们对极限编程的理解。这些原则包括主动面对团队破坏、鼓励知识共享和连续性以及关心代码质量。这些策略包括团队代码所有权、共享时间表和避免技术债务。这些实践包括连续结对编程、重叠的结对轮换、知识传播、测试驱动的开发和连续重构。

根据我们的经验，本章介绍的任何结果都不是毕威拓或极限编程所独有的。但是，我们的研究方法不支持对毕威拓所观察到的团队以外的场景进行统计泛化。因此，研究人员和专业人员应根据自己的具体情况来调整我们这里所提到的发现和建议。

关键思想

以下是本章的主要思想。

- 在软件开发过程中，有几种不同类型的可预防"浪费"，它们代表着生产力的损失。
- 虽然生产力可能很难定义和度量，但识别和减少浪费是提高生产力的有效途径。

参考文献

[1] Kent Beck and Cynthia Andres. *Extreme Programming Explained: Embrace Change*（2nd Edition）. Addison-Wesley Professional, 2004.

[2] Nigel Cross. Design cognition: results from protocol and other empirical studies of design activity. In Design knowing and learning: Cognition in design education. C. Eastman, W.C. Newstetter, and M. McCracken, eds. Elsevier Science. 79-103. 2001.

[3] John Maeda. *The Laws of Simplicity*. MIT Press. 2006.

[4] Jerry Muller. *The Tyranny of Metrics*. Princeton University Press. 2018.

[5] Paul Ralph and Ewan Tempero. Characteristics of decision-making during coding. In Proceedings of the International Conference on Evaluation and Assessment in Software Engineering, 2016.

[6] Todd Sedano, Paul Ralph, and Cécile Péraire. Sustainable software development through overlapping pair rotation. In Proceedings of the International Symposium on Empirical Software Engineering and Measurement, 2016.

[7] Todd Sedano, Paul Ralph, and Cécile Péraire. Software development waste. In Proceedings of the 2017 International Conference on Software Engineering, 2017.

名和来源，提供指向创作共同许可的链接，并指明是否有修改原文。根据本许可协议，您无权共享来自本章或其部分内容的演绎作品。

本章中的图片或其他第三方材料包含在本章的创作共用许可协议中，除非另有说明。如果本章的创作共用许可中未包含材料，并且预期用途不受法律法规许可或超出许可用途，则您需要直接获得版权所有人的许可。

■ 第 20 章 组织成熟度：影响生产力的"大象"

Bill Curtis（美国 CAST 软件）/ 文　　姜丽芬 / 译

组织的软件开发环境成熟度会影响开发人员及团队的生产力 [5]，所以，组织属性的度量应纳入成本、进度和质量的估算考虑中。本章介绍了组织成熟度的演化模型及其如何指导生产力和质量改进以及如何适应不断发展的开发方法。

背景

20 世纪 80 年代，IBM 全面开展软件过程改进时，汉弗莱（Watts Humphrey）参加了克罗斯比（Phil Crosby）的质量管理课程，课程包括成熟度模型和质量改进实践 [1]。克罗斯比（Crosby）模型将改进分为五个阶段，循序渐进地展开不同的质量实践。汉弗莱（Humphrey）回到家后，意识到克罗斯比（Crosby）的模型应用到软件可能行不通，因为它类似于数十年来一直使用的方法，无法持续取得成功。他意识到，过去的过程改进工作大部分死于管理人员和开发人员无法实现的开发计划压力，从而牺牲了改进实践。因此，不先解决项目面临的主要问题，提高生产力和质量的实践几乎无法成功。

20 世纪 80 年代后期，汉弗莱（Humphrey）在卡内基梅隆大学的软件工程研究所发

© The Author(s) 2019
C. Sadowski and T. Zimmermann (eds.), *Rethinking Productivity in Software Engineering*,
https://doi.org/10.1007/978-1-4842-4221-6_20

展出自己的过程成熟度框架 [6] 的初始模型。20 世纪 90 年代初期，他们四个人将这个框架转换为软件的能力成熟度模型（CMM）[10]。从那时起，CMM 在全球许多软件组织中成功指导了生产力和质量的改进，组织成熟度的级别由授权的主任评估师领导整个评估过程完成评估。

赫伯斯勒布（James Herbsleb）和他的同事 [5] 分析了 14 家企业基于 CMM 改进后的数据，发现他们的年生产力中位数提高了 35%，范围从 9% 到 67% 不等；同时，测试前发现的缺陷平均增加了 22%，现场事故减少了 39%，交付时间平均减少了 19%。通过开发过程的成本节约和质量改进，投资回报率中位数为 5 ∶ 1。这些成果是如何取得的呢？

过程成熟度框架

过程成熟度框架在过去 30 年中不断发展，但基本结构一直保护不变。如表 20-1 所述，此框架由五个成熟度级别组成，每个成熟度级别都代表着软件开发组织能力的某个稳定阶段，同时也可以在此基础上构建更高级的实践。汉弗莱（John Humphrey）认为，为了提高生产力，应按特定顺序消除影响合理开展开发的障碍。例如，CMMI 1 级描述了无序或缺失开发流程的组织，压力驱动下的项目经常依赖于开发人员没日没夜地努力工作来满足荒谬的时间表，在项目承诺和基线不稳定状态下，开发人员疲于奔命、犯错误并且几乎没有时间纠正错误。

项目经理或团队负责人在项目计划和管理控制中定义项目开发过程和工作环境，并且通过建立基线和变更控制流程来管理需求变更和项目交付物。只有在开发计划和基线稳定情况下，开发人员才能有序、专业地开展工作。达到 CMMI 2 级并没有让整个组织采用一致方法和实践；相反，当发生不可避免的需求或项目变化时，每个项目需采取必要措施，重新制定计划做出承诺。当高层管理人员或客户提出无法实现的期望时，管理人员和团队负责人会说"不"或通过外交方式来商讨变更和可实现的承诺。

一旦各项目过程稳定，整个组织可根据已在项目中证明成功的实践和措施综合定义第 3 级标准开发过程和度量以及实施指南，结合过往项目经验可以针对不同项目特征定义不同项目过程实践。标准实践将 CMMI 2 级团队级或项目级的文化转变为 CMMI 3 级组织级的文化，实现规模化推广。CMMI 首席评估员常说，标准流程常受到开发人员的捍卫，因为它们提高了生产力和质量，并使他们在项目之间转换变得更加容易。

表 20-1　过程成熟度框架

成熟度级别	属性
CMMI 5（量化管理级）	持续发现绩效差距，识别创新改进机会
	不断研究创新技术并进行实践
	持续试点评估创新实践的有效性
	将成功的创新实践形成标准进行规模化实施
CMMI 4（量化管理级）	通过量化的过程数据和分析统计来管理项目
	管理相关的影响因数提高可预测性
	针对质量问题做根本原因分析
	标准化流程可实现重用和精益生产
CMMI 3（已定义级）	从成功实践中定义标准开发过程
	基于标准过程和度量结合项目特征裁剪定义项目过程
	建立项目过程资产和相关度量，做经验教训总结分享
	全组织实施标准流程培训
CMMI 2（已管理级）	管理者在资源和时间之间取得平衡做成承诺
	有效管理需求变更和产品基线
	基于量化数据制定项目计划开展项目管理
	工程师能在重复稳定的开发环境开展过程实践
CMMI 1（初始级）	开发过程实践不统一且经常没有开发过程
	无法在资源与时间进行平衡做成承诺
	缺少对需求和产品基线的变更控制
	大多数项目依赖于个人努力缺少可持续性

标准化流程和度量一旦在项目中实施，项目就可以使用更精细化的流程和措施来管理整个开发周期中的过程实践及产品质量。CMM 4 级通过精细化度量分析，指导持续改进过程性能，预测可能发生的问题并尽早采取措施进行调整，以减少项目产出的偏差，提

升项目绩效。标准开发流程为其他生产力的提高（例如组件重用和精益实践）也奠定了基础 [7]。

流程通过持续优化即使发挥出了全部的功能，也可能无法达到竞争环境或苛刻要求下所要求达到的生产力和质量水平。因此，组织必须识别和评估相关创新技术、流程和文化等方面的实践，持续提升生产力和质量成果，超越现有绩效水平。在 CMM 第 5 级，组织通过特定改进目标驱动持续创新循环，改进目标需随着时间变化而变化。

过程成熟度框架也可以应用于单个过程（针对某个过程按不同等级改进），称为连续式表示法。但总体来说过程成熟度框架对组织变革和组织发展有独特的指导作用和价值；如果组织不发生改变，个人的最佳实践在危机感的压力挑战下，通常无法有效实施。这个方法与《从优秀到卓越》一书所描述的对成功企业组织系统的观察非常一致。

成熟度对生产力和质量的影响

雷神公司报道了基于成熟度过程改进的最早和最佳经验研究之一 [2, 4, 8]。雷神公司的时间报告中工作量的分类数据取自于质量成本模型，该模型显示了产品质量的改进是如何提高生产力和降低成本的，此模型将工作量分为下面四类。

- 原始设计和开发工作。

- 纠正缺陷并重新测试系统的返工工作。

- 首次运行测试和其他质量保证活动工作量。

- 进行培训、改进和过程保证以预防质量问题的工作量。

雷神公司报告如表 20-2 所示，他们在执行改进计划的过程中，原始开发工作量在 CMMI 1 级时占比只有 1/3，在 CMMI 2 级时提升到了 1/2，在 CMMI 3 级时提升到 2/3，在 CMMI 4 级时提升到 3/4。同时，在 CMMI 2 级时返工工作量减少了一半，而在 CMMI 4 级时返工降低了将近 7 倍。而当他们达到 CMMI 4 级时，雷神公司报告其生产力在 CMMI 1 的基线基础上增长了 4 倍。

表 20-2　雷神公司按 CMMI 级别划分的工作量分布

年份	CMM 等级	原始工作	返工	首轮测试	预防工作	生产力提升
1988	1	34%	41%	15%	7%	基线
1990	2	55%	18%	13%	12%	1.5X
1992	3	66%	11%	23%		2.5X
1994	4	76%	6%	18%		4.0X

- 表 20-2 是根据 Dion [2]，Haley [4] 和 Lyndon [8] 中的数据报告合并生成
- 1992 年，把首次测试和预防工作进行了合并
- 生产力提升是基于 1988 年基线中所考虑的影响因素的对比数据

从这些数据可以明显看出，返工量严重影响了生产力。在启动改进计划之前，返工的比例通常很高，报告中，雷神公司 41%、TRW 30% [14]、NASA 40% [15] 以及惠普 33% [3]。以稳定基线和承诺开展工作，开发人员可以更有纪律地使用专业方法开展工作，减少了错误和返工，从而提高了生产力。首轮测试工作量基本保持不变，但修正缺陷后所需的重新测试工作量下降了。而返工的减少已抵消了投入改进计划（预防）的额外工作量。随着生产力提升，在 CMMI 3 级每行代码的开发成本降低了 40%。

雷神公司从 CMMI 3 级到 CMMI 4 级的生产力增长倍数很难仅仅通过量化管理实践来进行解释。通过进一步调查发现，因为重用减少了开发工作量，欧姆龙 [11] 和波音计算机服务 [13] 报告中体现了在 CMMI 4 级重用对生产力的影响的结果证明。CMMI 3 级的标准化流程为更严格执行开发实践和建立可信赖的质量结果奠定了必要的基础，从而使开发人员相信重用现有组件比开发新组件更快。

更新成熟度实践适应敏捷 DevOps 环境

2000 年初，美国国防部和航空航天行业将 CMM 扩展到包括系统工程实践。能力成熟度模型集成（CMMI）的新结构体系极大地增加了实践数量，并体现出了很强的国防计划特色，在包括 CMM 一些创始作者在内的许多人看来，CMMI 过于臃肿，会在某些有官僚主义的软件开发环境下出现过度实践。与此同时，敏捷方法中的快速迭代正

在取代冗长的开发实践，而 CMMI 的这些开发实践并无法应对企业快速变化带来的影响。

理论上，敏捷方法在迭代冲刺开始时通过冻结一定数量的故事来解决 CMM 1 级中的承诺问题，新的故事只能在后续迭代计划中增加。所以，在 2011 年和 2012 年的敏捷联盟大会上，有开发人员说当市场或业务部门要求在迭代过程中增加新的故事时会产生抱怨并感到不安。这些在迭代内的额外工作增加会引发同样的返工进度压力，这种压力也困扰着低成熟度瀑布项目。加强承诺控制是 CMM 2 级关键特征，可以保护开发人员免受混乱的影响，因为混乱会降低其工作效率和工作质量。

在 2012 年敏捷联盟大会的一次会议上，Scrum 方法的联合创始人苏瑟兰（Jeff Sutherland）说，他所拜访的企业中有多达 70% 在执行 Scrum。他们说："我们正在做 Scrum，但我们不做日常构建，我们不做日常站会，我们不做……"正如他所观察到的，他们显然没有在做 Scrum。当一个组织的开发团队严格执行时，Scrum 以及其他敏捷或 DevOps 可以提供具有 CMMI 3 级特点的标准化流程好处。但是，当这些方法缺乏纪律性时，开发团队将面临 CMMI 1 级的典型问题（即基线和承诺不受控制）以及凑合执行的开发实践会降低他们的生产力。

2015 年，美国住房市场的抵押贷款提供商房利美（Fannie Mae）在其整个 IT 组织中发起了一次纪律严明的敏捷–DevOps 转型 [12]。转型包括以短周期迭代替代传统瀑布式流程，安装具有持续集成和分析能力的 DevOps 工具链。尽管他们没有使用 CMMI，但他们的改进计划反映出了从管理项目变更（CMM 2 级）到组织标准实践工具和措施（CMM 3 级）的成熟度。采用自动化功能点法 [11] 每单位时间内交付功能点数度量生产力，并对其进行跟踪监控，评估实践效果。

在整个组织范围实施转型后，房利美发现，应用程序中的缺陷密度通常都降低了 30%～ 48%。生产力提升的影响转化通过整理多轮迭代数据进行了统计分析，这些迭代的总持续时间和投入与瀑布的发布周期（基线）基本相当，当团队转为短周期迭代开发方法时，最初的迭代通常情况下效率相对会较低，但连续多个迭代结果数据综合与瀑布基线相比，整个应用程序的平均生产力平均提高了 28%。

结语

基于过程成熟度框架的改进计划提高了全球软件开发组织的生产力。不同实践根据不同评估阶段开展实施，每个阶段都为下一个成熟度实施更为复杂的实践奠定了基础。虽然开发方法会随着时间而发展，但许多影响效率的问题在几代人之间都是相似的。所以，稳定 – 标准化 – 优化 – 创新的成熟度进化模型提供了一种提高生产力的方法，而这种方法同样适用于敏捷 DevOps 转型实施。

关键思想

以下是本章中的主要思想。

- 不成熟、无纪律的开发实践会严重影响到生产力。

- 在组织的开发实践中进行逐步的改进，可以极大地提高生产力。

- 现代开发实践中，早期开发方法中存在的弱点可能会影响到生产力。

参考文献

[1] Crosby, P. (1979). *Quality Is Free*. New York: McGraw-Hill.

[2] Dion, R. (1993). Process Improvement and the Corporate Balance Sheet. *IEEE Software*, 10 (4), 28-35.

[3] Duncker, R. (1992). Proceedings of the 25th Annual Conference of the Singapore Computer Society. Singapore: November 1992.

[4] Haley, T., Ireland, B., Wojtaszek, E., Nash, D., & Dion, R. (1995). Raytheon Electronic Systems Experience in Software Process Improvement (Tech. Rep. CMU/SEI-95-TR-017). Pittsburgh: Software Engineering Institute, Carnegie Mellon University.

[5] Herbsleb, J., Zubrow, D., Goldenson, D., Hayes, W., & Paulk, M. (1997). Software Quality and the Capability Maturity Model. *Communications of the ACM*, 40 (6), 30-40.

[6] Humphrey, W. S. (1989). *Managing the Software Process. Reading*, MA: Addison-Wesley.

[7] Liker, J. K. (2004). *The Toyota Way*: 14 *Management Principles from the World's Greatest Manufacturer*. New York: McGraw-Hill.

[8] Lydon, T. (1995). Productivity Drivers: Process and Capital. In Proceedings of the 1995 SEPG Conference. Pittsburgh: Software Engineering Institute, Carnegie Mellon University.

[9] Object Management Group (2014). Automated Function Points. www.omg.org/spec/AFP.

[10] Paulk, M. C., Weber, C. V., Curtis, B., & Chrissis, M. B. (1995). *The Capability Maturity Model: Guidelines for Improving the Software Process*. Reading, MA: Addison-Wesley.

[11] Sakamoto, K., Kishida, K., & Nakakoji, K. (1996). Cultural adaptation of the CMM. In Fuggetta, A. & Wolf, A. (Eds.), *Software Process*. Chichester, UK: Wiley, 137-154.

[12] Snyder, B. & Curtis, B. (2018). Using Analytics to Drive Improvement During an Agile-DevOps Transformation. *IEEE Software*, 35 (1), 78-83.

[13] Vu. J. D. (1996). Software process improvement: A business case. In Proceedings of the European SEPG Conference. Milton Keynes, UK: European Software Process Improvement Foundation.

[14] Barry W. Boehm (1987). Improving Software Productivity. *IEEE Computer*. 20(9): 43-57.

[15] Frank McGarry (1987). Results from the Software Engineering Laboratory. Proceedings of the Twelfth Annual Software Engineering Workshop. Greenbelt, MD: NASA.

▎第 21 章　结对编程有效吗

Franz Zieris（德国柏林自由大学）

Lutz Prechel（德国柏林自由大学）　／文　　刘志伟／译

简介：高效编程

让自己沉浸于下面这样的软件开发场景中：

> 你正在一个大型的、有大量 GUI 的信息系统中实现一个新功能。你在现有
> 的功能里找到了非常匹配的代码，因此决定先复制然后调整两侧的代码，
> 通过重构来消除不必要的重复。你已经完成了代码复制，并开始进行调整。
> 你觉得自己的状态好，效率高，不受周围环境的干扰，深度思考，沉浸于心
> 流中。

查看代码并阅读：

editStrategy.getGeometryType（）

觉得有些怪。

© The Author(s) 2019

C. Sadowski and T. Zimmermann (eds.), *Rethinking Productivity in Software Engineering*,

https://doi.org/10.1007/978-1-4842-4221-6_21

这不对，没有必要在这里调用方法。

理解了为什么会觉得怪。

总是一样的！

用"心眼"来观察代码各个部分，了解它们是如何相互配合的。

它是 Polygon。

你开始输入。

[敲击键盘声]

看到 IDE 的自动补全功能，然后又有了想法。

或者它是 MuliPolygon？

考虑一下。它可能会是更通用的方案。

可能是。这是个开放性问题。

赞成或反对都可能有很多理由。总得做个决定。

现在看起来，多边形不错。

于是动手写代码。

[敲键盘]

感到满意，搞定所有这一切只花了 15 秒："生活真美好。"

如果是软件开发人员，就很了解这种类型的专注。想法似乎直接从大脑经过指尖变成了代码，这种感觉很棒。谁会加另一个开发人员来破坏这种体验？ 会变成在每一个点上都有无休止的讨论；而在没有分歧的地方，又会有误解，因为结对的同事往往没有自己理解得清楚。

好吧，你一定会感到惊讶的，因为前面的场景不是虚构的来自开发人员的内心独白，实际上是结对的两个程序员真实的对话，而且确实是在 15 秒钟之内完成的。

对结对编程进行研究

结对编程的意思是两个程序员在同一台计算机上合作完成同一个编程任务。

尽管像前述那样超级高效专注的阶段确实发生在良好的结对编程期间，但大多数时候，结对编程都是以一种更加平淡的方式发展的。从整体上看，结对编程有回报吗？

为了回答这个问题，研究人员多次进行了大致如下的实验。

- 设计一个小任务，让一些开发人员（最好是学生）单独解决，另一些则以结对的方式解决，对他们的完成时间进行计时，并比较结果。

- 确保任务独立而且几乎不需要背景知识，以保证每个人都有一个公平的竞争环境。

- 为了更好控制，随机分配合作伙伴，并为所有人搭建一个完全相同的工作环境。

不幸的是，这样的设置并不能反映业内中结对编程的实况。学生用的是自己配置的机器，甚至可能不认识他们的伙伴。此外，考虑下短期和长期影响之间的差异。在大多数学生结对编程的实验中，生产力降低到单位时间内通过（预先写好的）测试用例的数量。但这在企业环境中并不重要。在企业里，首要任务可能是缩短实现功能到推向市场的时间，或实现功能本身的价值，也可能是长期的目标，例如保持代码的可维护性和避免信息孤岛。

从企业人员基本上会忽略这些实验的结果。不可能指望通过截然不同于现实世界的设置来充分了解结对编程如何影响现实世界的生产力。

在我们的研究中，采用了不同的方法。我们采访了一些科技公司，观察现实场景中的结对编程。两人都在正常环境中，像平常一样选择日常开发任务和结对编程的伙伴。唯一的不同是，我们记录的是两人的互动（通过网络摄像头和麦克风）及其屏幕内容，他们的会话通常为一到三个小时。多年来，我们已经从十几家不同的公司收集了 60 多个此类会话记录。

我们采用"扎根理论"（Grounded Theory）[*][1] 这种定性研究过程，来对这些材料进行了详细的分析。下面的观察来自于多年来对专业软件开发人员的结对编程对话进行的研究。

作为知识工作的软件开发

不过，让我们先退一步。想一想是什么使得编程变得高效？ 心理学家米哈赖·齐克森（Mihaly Csikszentmihalyi）描述了一种高生产效率的心理状态，软件开发人员非常赞同（有时能达到）这种状态：心流。他认为，无聊和焦虑之间体验的是心流的体验，期间有困难（或挑战），是人可以发展技能的地方 [2]。

在软件开发中，每项任务都有其特殊的挑战，无聊对软件开发人员来说是不存在的。另外，开发软件时所面临的挑战不仅仅是技能问题，很多时候是缺乏理解或知识：有时可能需要花大量时间来阅读和筛选各个代码模块，才能最终找到合适的位置添加新的 if 条件；或者需要理解新依赖库里使用的陌生的概念；或者在系统的遗留部分跟踪调用栈进入到未知代码领域。开发人员的"流"取决于对手头软件系统的理解和熟悉程度，决定着开发速度的快与慢，与他们的一般技能水平没有太大的关系 [3]。

为了完成给定的任务，开发人员（无论是单人还是结对）都需要了解系统（不是全部，但至少是与手头任务相关的部分）。通常情况下，上一周对其中某些部分的理解可能就已经过时！对软件系统的高度理解（称为系统知识）是修复错误和实现新功能的刚需。

当然，一般的软件开发技能和专业知识（我们称之为"通用知识"）也很重要。通用知识涉及语言习惯用法、设计模式 & 原则、库、技术栈 & 框架、测试 & 调试过程以及巧用编辑器或 IDE 等。与大多数以产品为导向且有效性相对较短的系统知识相反，通用知识以发展为导向且有效性更长。系统知识和通用知识之间不一定存在明确的区分，某些知识可能属于这两种类型。

---

* 中文版编注：哥伦比亚大学两位学者共同发展的一种研究方法，运用一种系统化的程序来对某一现象进行发展和归纳，从而引导得出一个基础理论。

开发人员通过经验来建立系统知识和通用知识，但对当前的开发任务来讲，重要的不是他们的工作年限，而是他们是否具备可以用来解决手头任务的系统知识和通用知识。

企业内部结对编程中的重要问题

开发人员有不同的结对编程场景。

- 获得同事的帮助：一位开发人员已经做了某个任务一段时间，要么觉得很困难，要么需要交出结果，因此要加入。

- 共同攻关，解决难题：两个开发人员一开始就坐在一起解决问题。

- 培养新人：高级开发人员与新的团队成员结对，帮助他快速上手。

然而，我们发现，用这样的场景来描述结对编程这种活动，不如用两位开发人员"知"和"不知"（更准确地说，是他们各自对系统的了解程度和与手头任务有关的通用知识水平）来描述。因为编程中的大部分工作已经分解成一些步骤，可以用必备的系统知识来解决（通用知识在这一过程中可能也有帮助）。一旦有了这些，解决任务通常就只是小菜一碟，就像我们在开始场景中描述的那样。因此，相关的知识差距才是结编程的关键。

根据涉及的系统知识和通用知识差距来构建结对编程场景，有助于理解为什么某些组合比其他组合更有效以及结对编程从哪里真正有效。我们将在这里讨论三个特别有趣的结对系列。本章中的所有示例都是我们在数据中看到的真实案例。只不过我们省略了一些细节，改了开发人员的姓名。

A 组合：系统知识优势

在这种环境下，一个开发人员对与任务有关的系统部分有更完整或者更新的了解。这通常是"获得帮助"场景，但也可能出现在其他两个场景中。

考虑开发人员汉娜（Hannah）的场景，她在做某项任务，在某一时刻诺曼（Norman）也加入进来。汉娜已经查看与当前任务相关的代码，并进行了一些修改。诺曼总体上可能对系统有更好的了解，但不包括与此任务相关的所有细节，当然也不包括汉娜最近修改的代码。总体而言，汉娜更具有系统知识优势。

如果开发人员想要结对工作，就需要解决系统知识差距。只有诺曼了解了汉娜已经发现的内容以及她所做的更改，他们才能恰当地讨论想法，并就具体执行达成一致。

但是我们观察到的一些结对，包括这一对，系统知识优势开始并没有凸显出来。诺曼以自己的编程技术为傲，并自以为了解汉娜所做的一切。汉娜试图解释她遇到的一件复杂的事情，但诺曼并没有去关注。直到诺曼意识到自己对现状有误解，才让汉娜来解释。这差不多花了半个小时。最后，两人开始变得富有成效。

对结对而言，无论何种原因，一个伙伴拥有更具有优势的系统知识都很有挑战，因为系统知识的差距可能很难看出来，结对伙伴在开始前仍需对齐。更好的结对是一开始时就主动解决这个问题。如果和你合作的开发人员已经在解决这个问题，不管资历如何，都要感谢他的系统知识，并让他解释他已经做过的事情和所了解到的知识。听说有些具有较高系统知识的开发人员也可能不愿意分享他们所知道的信息，但我们并没有观察到这种行为。

B 组合：共同的系统知识空白

当两个开发人员一起开始一项新的任务时（但不只限于这种情况），对系统的理解都是不完全的，都缺乏系统知识。

以波娜（Paula）和彼得（Peter）为例，他们选择了一张新的故事卡。双方都知道系统的处理方式，因此不久就找到了添加新功能的位置，但仍然有一些依赖关系需要理解，因此他们浏览了源代码。波娜首先看到一个重要的细节或关系，下一次是彼得。他们不是刻意在轮流，而是其中一个恰好首先有了相关想法，然后解释给另一个听。有时，波娜认为不需要深入研究类继承图，但彼得对当前子系统不那么熟悉，希望继续阅读。波娜给他时间让他慢慢来。在任何情况下，双方都确保始终保持同频，以便可以一起进一步了解系统。

与汉娜和诺谟单边主导情景相比，彼得和波娜更好，他们有多种策略可以建立对系统的必要了解，因为它们不依赖于单向流动的知识。开发人员可能会在一段时间内密切合作，以所谓的"协同生产"方式 [4] 积累系统知识。或者，开发人员可以以自主确定进度进行更深入的挖掘，另一个开发人员则暂时处于不活跃状态，这种方式称为"开创性生产"。无论哪种方式，如果两人在成长过程中保持协作理解，例如通过主动解释（push）或被问到（pull）其中一人在"开创性生产"中发现了什么，那么在这样的结对组合中完成开发工作就非常有效。

C组合：互补知识

新的开发人员加入团队时，系统知识非常匮乏。当然，取决于合作伙伴的背景和当前任务的性质，任何结对编程的情景中，都可能有缺乏系统知识。这种情形下，结对的表现受限于低系统知识开发人员的通用知识水平。请记住，重要的是当前任务的适用知识，因此，通过正确选择任务，团队新成员也可以利用通用知识很好地完成任务，甚至可能比高级人员更好。我们看到有开发人员在工作的第一天就给合作伙伴讲设计模式和 IDE 中的巧妙技巧。高级开发人员也需要结对，因为对系统的理解和通用的软件开发技能在开发团队中的分布并不均匀。

例如，安迪（Andy）和马科斯（Marcus）的能力完全不同。安迪提倡写整洁、可读性好和可维护性好的代码，而马科斯有种实用的方法可以将代码组合在一起完成任务。马科斯一年前写的一个模块需要更新，但马科斯搞不清它到底是如何工作的，因此向安迪寻求帮助。他们是互补的：安迪具有通用知识的优势，但对系统的了解很匮乏，他对马科斯的模块几乎一无所知。作为该模块的作者，马科斯具有系统知识的优势，但缺乏通用知识能对模块进行系统改造。他们完成了工作，彼此都很满意，马科斯学到了很多有关代码坏味道和重构的知识。

如此说来，结对编程有效吗

你现在可能赞同"结对编程是否有效？"这个问题完全不合适，理由是，很难说清楚，因为在代码功能、代码和设计的质量以及团队内的学习方面，有太多不同的好处需要量化和叠加。这取决于不同的情况，因为不同的知识和任务组合为高效结对提供了非常不同的机会。

有效与否的关键是开发人员必须面对知识差距的难题。两人作为一个整体能够受益于与该任务相关的通用软件开发知识，但为了成功完成任务，必须拥有或建立与该任务相关的系统知识。系统知识的有效性更短，所以通常是稀缺资源。

如果结对的两人在任务有关方面知识是高度互补，那么结对活动可能需要多次进行。即使不是这样，两人的可见工作产出也会少于两个人作为两个单独程序员的工作产出。但是，结对编程活动在学习方面的收益也为未来节省时间提供了可能，此外还可以避免将来可能犯的错误，将来的收益可以抵销今天付出的成本。

从行业角度来看，对这个问题的答案可能是这样的：公司可能不希望让具有顶级通用知识的开发人员离开，但鉴于系统知识在生产开发中的主导作用，他们的确担心具有顶级系统知识的开发人员流失。频繁的结对编程是一种出色的技术，可确保系统知识在团队中持续传播。

关键思想

以下是本章的主要思想。

- 如果结对成员工作进展顺利，则说明结对编程容易有效。

- 如果结对成员的知识可以充分互补，则说明结对编程有效。

参考文献

[1] Stephan Salinger, Laura Plonka, Lutz Prechelt: "A Coding Scheme Development Methodology Using Grounded Theory for Qualitative Analysis of Pair Programming," Human Technology: An Interdisciplinary Journal on Humans in ICT Environments, Vol. 4 No. 1, 2008, pp. 9-25 .

[2] Mihaly Csikszentmihalyi: "*Flow: The Psychology of Optimal Experience*," Harper Perennial Modern Classics, 2008, p.74 .

[3] Minghui Zhou, Audris Mockus: "*Developer Fluency: Achieving True Mastery in Software Projects*,"

Proceedings of the 18th ACM SIGSOFT International Symposium on Foundations of Software Engineering (FSE '10), 2010, pp.137-146 .

[4] Franz Zieris, Lutz Prechelt: "On Knowledge Transfer Skill in Pair Programming," Proceedings of the 8th ACM/IEEE International Symposium on Empirical Software Engineering and Measurement, 2014.

■ 第 22 章 开发人员的 Fitbit：工作中的自我监控

André N. Meyer（瑞士苏黎世大学）

Thomas Fritz（瑞士苏黎世大学）　　　　　/ 文　　张立理 / 译

Thomas Zimmermann（美国微软研究院）

通过自通过自我监控来量化我们的生活

最近，用来记录生活的方方面面的设备和应用呈现爆发式地增长，诸如记录行走步数、睡眠质量、消耗的卡路里等。人们使用如 Fitbit 无线健康追踪器等设备，通过记录自身的行为、设定目标以及和朋友比赛来保持和改善身体。总的来说，自我追踪的设备越来越小，我们可以轻松地、不分时间地点地携带这些设备，最终得以记录越来越多的生活指标。与此同时，研究也表明这些形式有助于人们改变习惯，人们会接受设定目标、社交鼓励和共享成果这样说服型方式的引导 [3]。

值得注意的是，人们在工作场合对自我量化工具的兴趣也在增长，人们已经找到一些洞察自己工作中行为与习惯的方法。像是 RescueTime 这样的工具让用户能够了解自己在不同电脑应用上的使用时间，Codealike 则能够帮助开发人员在 IDE 中了解自己

© The Author(s) 2019

C. Sadowski and T. Zimmermann (eds.), *Rethinking Productivity in Software Engineering*,
https://doi.org/10.1007/978-1-4842-4221-6_22

在不同编码项目上的时间分配。不过，现在对开发人员在工作场所中的期望、体验、自我监控的经验依然知之甚少。

在软件开发工作中进行自我量化

在软件开发人员的工作过程中，有很多因素会影响它的成果和生产力，比如打扰、与团队协同工作、需求变更、基础设施和办公室环境等（参考第 8 章）。开发人员往往意识不到这些因素切实影响着他自己和其他人的工作生产力[1]。在其他领域自我监控方法的成功表明，这些手段有助于提高开发人员对自身工作的认知。开发人员可以由此获知让生产力提高或降低的行为、因素并在知晓情况的前提下做出相应判断来提高生产力。在这个过程中采集的工作和生产力的数据，将进一步支持开发人员对比那些与自己工作内容相似的其他开发人员。

这个设想与汉弗莱（Watts Humphrey）在个人软件过程（Personal Software Process，PSP）方面的工作相关，它旨在通过追踪代码研发的估算与实际表现[2]，帮助开发人员更好地了解和改进自己的表现。对 PSP 进行评估的研究表现出了可喜的结果，包括更准确的项目预估和更高的代码质量。如今随着感应和数据采集设备更加普遍和精确，我们得以让开发人员自动度量工作和行为变化，做到更广泛的自我洞察。

为了研究软件开发人员对自我量化系统的需求和最佳实践，我们进行了一项混合方法研究，其中包含一份文献评论、一次 400 多开发人员参与的调查以及一场迭代式的反馈驱动的研究，研究涉及到 5 项试点研究和 20 名软件开发人员。这项研究揭示了开发人员对功能的期待和感兴趣的度量方式，也包含了他们接纳自我量化系统过程中可能出现的障碍。我们随后研发了一个专用于开发人员的自我监控工具 PersonalAnalytics，并找到 43 位专业软件开发人员进行了为期 3 周的试用，通过他们的使用情况来考查该工具对开发人员的影响。

PersonalAnalytics 有三个组件：监控模块、自我报告弹框和回顾模块。监控模块会采集不同的个人和软件开发行为，包括使用的应用、访问的文档、开发的项目以及打开的网站，同时也记录了一系列协同行为如参加会议、使用电子邮件、实时通信软件、代码评审工具等。监控模块会在后台进行数据采集，全程无须开发人员的额外输入。除此之外，PersonalAnalytics 会定期弹框要求开发人员反馈他们的工作和自己对生产力的感受。为了更好地从多方面进行分析，PersonalAnalytics 将采集的数据制作成一份日报（参考图 22–1），同时也会以周为单位提供更高层次的数据概览和汇总，以便用户将自己的数据与他人的进行对比。

在本章中，我们将分享在研发和试用 PersonalAnalytics 过程中学习到的内容，以及用户对于工具的感受和观点。我们会阐述这些分析有时不足以引出行为变化的原因。第 16 章进一步扩充了针对软件开发中使用仪表盘的讨论，对仪表盘的必要性和使用风险进行了探讨。

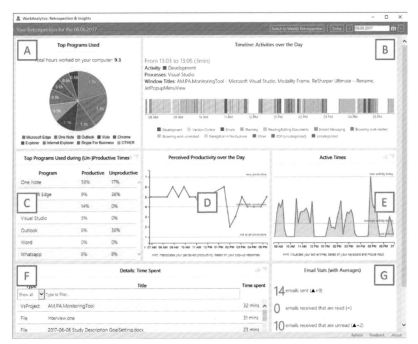

图 22-1 PersonalAnalytics 中日报展现：（A）最常用的应用的时间分布；（B）不同行为的时间线分布；（C）用户反馈的最有 / 最没有生产力的应用；（D）用户反馈的生产力随时间曲线；（E）键盘与鼠标的输入；（F）不同事项中的耗时（包括网站、文件、电子邮件、会议、编码项目、代码评审）；（G）电子邮件相关数据（发送 / 接收邮件数等）

通过个性化定制来满足不同人的需求

我们在初步研究中发现，在涉及到工作中的自我监控时，开发人员表现出了对大量不同度量方式的兴趣。为了支持这些不同的工作度量方式，我们在 PersonalAnalytics 中内置了大量的度量模式，允许用户对采集、展示的方式进行个性化选择。为了把相关数据采集并进行度量，PersonalAnalytics 提供多个数据采集器："所使用的应用"采集器会在每一次用户切换应用时记录当前活跃的进程和窗口的标题，如果用户超过 2 分钟没有任何输入则记录"闲置"状态；"用户输入"采集器会记录鼠标点击、移动、滚动、键盘敲击（仅记录敲击的时间戳，不记录具体按键）；"会议与电子邮件"采集器则通过 Microsoft Graph API 和 Office 365 套件收集日历中的会议信息、电子邮件的收发和阅读数据 [5]。

在使用 PersonalAnalytics 几个星期后，2/3 的用户希望通过定制来更好地配合他们回顾工作的需要。他们也希望能有关于工作的更多维度的数据。例如他们希望能够与团队其他成员进行比较，获得像是当前专注度、任务进度的高层次的度量，把这些数据与生物数据如心率、压力水平、睡眠和锻炼情况等相关联。

大量对 PersonalAnalytics 的更多度量维度、数据可视化的扩展需求表明了定制化、个性化对提升用户满意度和长期参与度上的重要性。令人稍显惊讶的是开发人员甚至提出与开发无关的很多数据的需求，希望借此更好地了解自己的工作状态，这一点是因为开发人员实际参与到开发相关的工作的时间比例较低，平均只有 9% ~ 21%，相对的其他工作包括协作（45%）和浏览网页（17%）[4]。

通过自主汇报来提升开发人员对效率的意识

PersonalAnalytics 每小时都会要求用户填写一个弹出的问卷。通过问卷采集的数据让我们更多的了解开发人员的生产力和参与的任务。在初期研究过程中，因为问卷中的问题太多了，用户对问卷表现出了厌恶的态度。后来经过改进，弹窗仅包含 1 个问题，要求用户自主报告过去一小时的生产力，大部分用户开始喜欢这个弹窗。2/3 的用户表示通过简短的自主汇报，他们对自己的工作建立了更好的认知，也更好地评估了过去一小时工作是否高效，是否用来推进有价值的工作，是否在当前参与的任务上有进展。

"每小时一次简短的中断能够让你分出一部分注意力，思考一下当前的任务或者问题是否已经阻塞，是否需要请求他人帮助或者换一种解决方式。"

PersonalAnalytics 并不直接度量生产力，它选择让用户自主汇报生产力。这种自主汇报有很好的价值，很多用户并不认为自动化的度量能够精确拿捏个人的生产力，我们在第 2 章和第 3 章中已经进行了类似的讨论。

"我很喜欢 PersonalAnalytics 的一点是它让我自己来判断是不是高效。我是开着浏览器还是开着 Visual Studio 并不能代表我在不在高效工作。"

这些研究表明自主的报告极具价值，这提升了用户对自己工作的认知。不过，还需要进一步考查这一积极效果能持续多久、用户是否会在某一刻对此失去兴趣。

通过回顾工作来提升开发人员的自我认知

PersonalAnalytics 的用户很喜欢通过回顾可视化个人度量指标来反思个人的工作与生产力。有 82% 的用户表示通过回顾提升了他们的意识，也提供了新颖的洞见。这些洞见包括开发人员如何进行协同、如何让任务推进、一天的生产力以及工作的碎片化率等。这些时间上的数据进一步纠正了用户对于自己工作的一些错误认知，例如他们实际花在电子邮件和与工作无关的网页浏览器（如 Facebook）上的时间。

"PersonalAnalytics 很棒！它让我确认了我对自己工作的一些印象，也给了我一些令 人惊讶的、有价值的、我未曾设想过的观点。我看上去把大部分的时间花在 Outlook 上了。"

"我以前没意识到我是在下午才更有效率的。我一直认为我在早上更有效率，但看起来只不过是因为花了更多时间在电子邮件上，让我有了这种误解。"

通过可操作的洞见促进高效的行为变化

一般来说，大部分自我量化工具的用户不仅仅想了解自己，他们更想提升自己。我们采访了 PersonalAnalytics 的用户，询问他们改变了哪些行为。有趣的是这个研究得到了相互矛盾的反馈。大约有一半的用户在了解自己的工作模式的基础上做出了习惯的变化，包括进一步做好工作计划，比如有效利用工作效率更高的下午、优化用在电子邮件上的时间，或者尝试专注不受打扰，如工作时关上办公的门、环境嘈杂时带上耳机听音乐。但是另一半用户并没有改变自己的行为，这可能是他们并不想改变什么，或者不清楚有什么可以改变。这些用户反馈说有一些新的个人洞察并不那么具体和可操作，使得他们无法得知去改变什么以及如何改变：

把我的时间做一个回顾是很好的开始，我从中得到了有趣的洞见，也了解了一些不好的设想。但是最终我并没有改变我的行为，这些洞见和设想既不是胡萝卜，也不是大棒。"

"如果这个工具可以为我量身定制，通过我的习惯和我不够高效的情况来提供效率方面的建议的话，就非常棒了。"

为了提高这些洞见的可操作性，用户需要能够提高工作专注度的具体建议，比如用番茄钟来开启一个工作时段、在遇到问题受阻或在同一个任务上耗时太久时先休息一下、在一段时间内始终阻止自己打开某些应用和网站：

"花在不高效的网站上的时间超过一定时长就给予警告，或者让用户有办法屏蔽这些网站（当然不是强制的）。"

除了根据开发人员的工作行为来提供定制化的改进建议，让他们和自己的团队或者其他开发人员进行基准化分析、对比更有助于获得可操作的、能引导行为改变的建议。例如 PersonalAnalytics 可以匿名采集开发人员的工作习性的数据，包括碎片化程度、各种行为上所花的时间以及目标，随后将这些数据与相似工作的开发人员进行关联，并呈现出比较结果。在让开发人员知道其他人花了更多的时间阅读技术博客来提升自我， 相比之下自己却比绝大部分开发人员花了更多时间来开会后，他们可以得到相应的洞见。

提升团队意识及消除隐私顾虑

如果只向开发人员提供基于个人生产力的洞见，他们的行为变化可能会对整个团队的生产力造成负面影响。比如一个开发人员在不合适的时候阻止外部的打扰以求专注，就可能把其他找他提问弄清楚事情的人拒之门外。另一方面，给开发人员提供整个团队协调、交流方面的洞见，有助于开发人员更好地在了解自身行为变化对团队造成的影响的基础上进行权衡。例如，如果知道同事一天中最高效和最低效的时间段，就可以在所有人最低效、中断工作影响最小的时候安排会议。了解团队成员手头上的任务和进度同样有助于经理和团队主管发现问题，例如开发人员在某个任务上受阻或者低效地使用着沟通工具，并采取合适的行动。

但是，这些工作场所相关的新增信息，需要在自我监控工具中聚合和分析来自多个开发人员的数据，这些数据具有敏感性，可能会导致隐私问题。在创造涉及多个用户数据的工具的时候，需要确保隐私安全，如允许用户完全控制采集和共享的数据范围、合理混淆数据以及将数据的使用方式透明化。如果没有做好这些，被分析的开发人员压力会大大增加。

在早期的调查中，一个被反复提及的主题是用户需要对工作中的敏感数据保密。部分用户担心把数据与团队成员、主管共享会引起严重的后果，进而影响到职位或者增加工作中的压力。PersonalAnalytics 考虑到工作中的隐私问题，在提供各种注意事项之余，选择将所有的数据仅存储在用户电脑本地，而不是集中放置在服务器上，这使得用户对采集的数据有完全控制权。虽然部分用户在刚开始时对隐私有所顾虑和质疑，在整个研发过程中并没有出现对隐私问题的抱怨，反而大部分用户选择将混淆后的数据提供给我们以供分析。有一部分用户提到他们会主动把可视化结果和相关洞见分享给团队成员进行相互比较，而另一部分则表示如果主管强迫他们运行有隐私顾虑的追踪工具，他们会选择和这个工具斗智斗勇或者直接离职。

我们认为，如果在管理上选择仅把数据用于过程改进，而不用于人事相关的评估，数据别滥用的可能性和开发人员敏感度会降低。另一方面，由于不同团队、项目和系统间的差异会非常大，用绝对的数据去进行跨团队的对比也容易产生错误的结论。所以，虽然像行为的变化和趋势这样的增量改善是一个重要的考量点，我们依然需要更进一步的研究来判断工作场合的数据应当如何应用才能改进团队的生产力，同时能够尊重、保护雇员的隐私，这包括像 GDPR[7] 这样的数据保护与规范条例。这一话题在第 15 章有更深入的讨论。

在工作中培养可持续的行为

一种能够培养开发人员生产力的方式是通过自我量化来增进他们对个人工作和生产力的认知。我们已经发现通过回顾和最小干扰性的自我报告来做定期反思可以让开发人员更好地认知自己工作上的时间分配、与他人的协作、高效或低效的工作习惯以及整体的生产力。我们也认识到了开发人员对多样的度量方式、数据的相关性非常有兴趣，通过查看可视化的数据得到的洞见并不总是具体的、对引发行为变化有指导意义的。具体的描述和进一步研究可以在相关文献 [6] 中找到。在未来，我们可以设想针对开发人员的自我量化工具将包含更为丰富的互相关联的度量方式，例如可以集成开发人员工具（GitHub、Visual Studio 或者 Gerrit）和生物传感器（Fitbit），开发人员可能会在因为晚上没睡好而提交了有问题的代码之前，收到提醒，从而更认真地评审代码变更。另一种培养行为变化的方法是进行目标设定，工作时的自我量化工具可以进行扩展，不仅仅专注于为开发人员提供丰富的洞见，而是更进一步地促使他们设定有意义的自我提升的目标，并在达成目标的过程中给予跟踪进度的能力。最后，匿名或者汇聚后的数据可以在团队内共享，以便在团队层面上达成共识来减少打断、改进会议安排、优化任务分配协调。

我们在 GitHub（https://github.com/sealuzh/PersonalAnalytics）上开源了 PersonalAnalytics，向贡献者开放使用。

关键思想

以下是本章的主要思想。

- 对于大部分开发人员来说，自我监控个人工作行为可以提高开发人员的绩效表现

- 自我报告生产力使开发人员能够简要地反映他们的工作效率和进度，并及时采取措施提高生产力。

- 开发人员对其工作的度量有着多种多样的兴趣，从开发相关数据到他们在团队中的协作数据，最后到生物特征数据。

参考文献

[1] Dewayne E. Perry, Nancy A. Staudenmayer, and Lawrence G. Votta. 1994. People, Organizations, and Process Improvement. IEEE Software 11, 4 (1994), 36-45.

[2] Watts S. Humphrey. 1995. *A discipline for software engineering*. Addison-Wesley Longman Publishing Co., Inc.

[3] Thomas Fritz, Elaine M Huang, Gail C. Murphy, and Thomas Zimmermann. 2014. Persuasive Technology in the Real World: A Study of Long-Term Use of Activity Sensing Devices for Fitness. In Proceedings of the International Conference on Human Factors in Computing Systems.

[4] André N. Meyer, Laura E Barton, Gail C Murphy, Thomas Zimmermann, and Thomas Fritz. 2017. The Work Life of Developers: Activities, Switches and Perceived Productivity. Transactions of Software Engineering (2017), 1-15.

[5] Microsoft Graph API. https://graph.microsoft.io.

[6] AndréN. Meyer, Gail C Murphy, Thomas Zimmermann, and Thomas Fritz. 2018. Design Recommendations for Self-Monitoring in the Workplace: Studies in Software Development. To appear at CSCW'18, 1-24.

[7] European General Data Protection Regulation (GDPR). 2018. https://www.eugdpr.org

▍第 23 章　通过指示灯来减少工作中的打扰

Manuela Züger（瑞士苏黎世大学）

André N. Meyer（瑞士苏黎世大学）

Thomas Fritz,（瑞士苏黎世大学）

David Shepherd（美国 ABB 企业研究）

　/ 文　　彭云鹏 / 译

工作中的打扰，成本有多高

在如今的协作场景下，沟通是一个常见的行为，并且对达成公司目标非常重要。特别是考虑到软件开发的社会性，干系人之间的沟通对项目成功尤为重要。沟通也分为很多形式，比如电子邮件、即时通信软件、打电话，还有和同事面对面沟通。尽管整体来看，沟通非常重要，但它还是会影响到技术人员的生产力（详见第 7 章对技术工作的定义）。事实上，为了回应同事提出的问题、读邮件或者接听电话，技术人员每天受到打扰并暂停手头上的工作大约可以达到 13 次之多。每次打扰平均消耗 15 ~ 20 分钟，并导致工作的碎片化。所以，打扰被认为是生产力的最大障碍之一就毫不意外，浪费了大量的时间和金钱（美国为例，每年 5 880 亿美元）。此外，打扰还被证明会给受到打扰的人带来压力和挫败感，导致恢复工作任务后出现更多错误，而且，如果打扰不合

© The Author(s) 2019

C. Sadowski and T. Zimmermann (eds.), *Rethinking Productivity in Software Engineering*,

https://doi.org/10.1007/978-1-4842-4221-6_23

时宜而且还推脱不掉，这些负面的影响和打扰就会产生特别高的成本。[2,3] 相比邮件通知或者即时消息等其他类型的打扰，当面打扰最具有破坏性，因为你很难忽略就等在你办公桌旁的人而先忙完自己手头上的工作，但我们还是可以通过调整时机来降低打扰成本，比如心理压力较小的时候。刚刚完成一个任务或者正在处理一个要求较低的工作而获得短暂休息的时候，关于打扰更详细的信息，可以查阅第 9 章。

指示灯：指出什么时候可以接受打扰

指示灯是我们开发用来优化时机和降低外部打扰的成本。指示灯有个桌面上的实体红绿灯和一个估算并显示当前是否可以接受其他同事打扰的应用（参见图 23-1）[4]。与红绿灯和即时通信服务状态的颜色类似，指示灯也有四个状态：离开（黄色）、空闲（绿色）、忙（红色）和请勿打扰（红色闪烁）。实体 LED 小灯通常安装在办公桌上、隔间的隔板上或者办公室入口，方便同事看到。

根据个人喜好，指示灯可以放在自己可见的地方作为个人的流量监控器，或者放到不容易见到的地方以免分心。在计算机上安装指示灯的程序之后，它将根据用户当前和过往与计算机交互数据，来计算用户的工作状态，标示出是否可以接受打扰。工作状态的变化会导致指示灯的颜色以及更新用户 Skype 的状态并在不希望被打扰的时候设置静音。

图 23-1　指示灯在办公室中的使用场景

指示灯评估和收益

我们在一家跨国公司（包括 12 个国家、449 名参与者以及 15 个地点）进行大规模实地研究来评估指示灯的效果。参与者包括从事软件研发、其他工程和项目管理等不同的工作，通过几周的真实工作来评估指示灯。我们的目标是调查技术人员如何使用它以及在引入指示灯之后人们之间的交互和对生产力的影响发生了什么变化。总体来看，在没有减少重要干扰的情况下，指示灯减少了 46% 的工作中断，参与者甚至在研究结束之后，仍会长时间继续使用指示灯。参与者还表示，指示灯让人们进一步认识到了打扰的潜在危害，他们也会关注同事的指示灯状态，更尊重对方的工作状态和注意力，如果不是非常紧急，他们会等到在对方更方便的时间或者选择其他沟通方式和同事沟通。

> "它让大家关注工作中的打扰，团队成员会更多考虑是否要打扰别人，并尝试寻找更合适的时间。"

> "即使指示灯是绿色的，甚至没有灯的人，当我有问题想要问他时，也会先问问他是否有时间，如果红灯亮着，我就会等一会或者改为写封邮件。"

> 这些积极影响也促成了生产力的提高，一方面是因为完成工作任务的时间增加了，另一方面是有些人喜欢关注自己的状态，当他们意识到算法正在计算个人工作状态时，工作起来也更有动力。"

> "我坚定地认为，这将减少当面打扰和 Skype 上的打扰，使我能将更多的精力和能力投入到完成工作上。"

> "当我发现我的灯变黄时，我会觉得'嗯，我现在有点闲'。然后，我就会去做一些事情。换个角度，它还有一些其他的影响，比如，当我看到我的灯是红色甚至在闪，我会这样想'嗯，我很活跃且有效率，我要保持这种状态。'同时，我也认为它也有些让人分心，有时，我会无来由地转身看看它。"

最后，大多数参与者都认为他们的指示灯状态变化虽然准确，但仍然有改进的空间。比如，技术人员在处理没有鼠标和键盘频繁交互的高脑力工作时（比如阅读自己负责的文档或代码），指示灯发出了可打扰的信号。改进算法的一个方法时集成更多更细粒度的数据，如应用程序的使用率或生物特征数据。应用程序的使用率数据可以根据特定的开发活动来调整，如调试代码时不可打扰，提交代码之后可以打扰。来自生物特征传感器的数据，如心率变化，可以用来更直接地度量大脑的思考负荷，进而判断他是否可以接受打扰。

指示灯成功的关键因素

在研发和评估指示灯的迭代过程中，我们发现了很多因素可以促成指示灯取得成功。

关注用户

关于指示灯的研发，我们遵循持续迭代和用户驱动的设计过程。我们确保早期推出版本可以收到用户的反馈并持续迭代改进。这种持续迭代的设计有助于发现概念和方法中的一些小问题，但可能对用户接受度有很大影响。例如，在起初，我们根据先前的研究，将指示灯设置为忙（红色）和不可打扰（红色闪烁），每天比例约为19%，然而，早期用户还是认为指示灯过于频繁变红，并且状态切换也过于频繁，以至于有些烦人。于是，我们降低百分比，并且引入和优化了平滑函数。

此外，早期的实验研究表明，指示灯还应该考虑具体的工作角色，比如管理人员。虽然软件工程师很珍惜这些不受任何打扰并且 Skype 静音的编码时间，有时甚至还希望能够增加这些不接受打扰的时间，但管理人员更希望的是随时在线。因此，我们增加了一个可以手动设置长时间请勿打扰的功能，同时也增加了一个功能，让管理人员可以禁止设置请勿打扰。

最后，用户反馈还说明公司的文化和办公室布局也会影响指示灯发挥价值。虽然指示灯几乎对所有的团队都有价值，但有两个较小团队非常紧密地坐在同一个办公室，他们通常对减少打扰很有兴趣，但并不太愿意在想同事提问之前花额外的精力去查看指示灯的状态。所以这两个团队尽管也希望能够减少打扰，但指示灯并没有提供什么帮助，所以我们很快把它卸载了。

简单的设计理念

在开发指示灯的过程中，我们花了大量的时间和精力来创建一个简单易用的安装配置过程。例如，几秒钟就可以完成通过安装程序的安装。为了在办公室中配置指示灯，我们研究团队专门有一名成员亲赴现场，将功能介绍给办公室所有人，并帮助用户将指示灯放在其他同事显而易见的位置。

我们投入更多精力去创建一个使用简单并无须用户操作就能顺利运行的程序。技术人员以前可以手动配置状态指示策略，如手动打开忙灯或者耳机接听，但经常因为需要额外的操作而选择放弃。在研究结束后的很长一段时间里，自动改变工作状态的指示灯仍然吸引着研究参与者的持续使用。此外，指示灯来源于交通灯启发的直观设计，与即时通信软件常见的可用状态相结合，使用户和其他同事很容易理解指示灯的含义和原因，这也推动了指示灯的成功。

关注个人隐私

生产力是工作场景下一个敏感的话题，为生产力而跟踪敏感的工作相关数据很容易引发对个人隐私的担忧。由于指示灯是根据敏感的工作相关数据来计算个人的工作状态，因此我们要提供数据使用透明可追踪并且收集到的数据只存储在用户的本地计算机中。我们只要求用户在研究结束时与我们分享他们的数据，并且，他们可以删除或混淆自己不想分享的任何数据。

我们进一步专注于尽量少追踪数据。虽然一开始就考虑使用程序的使用数据，但最终我们只跟踪鼠标和键盘的交互来减少用户开始提出的对侵犯隐私的担忧。用户一旦了解指示灯和它的价值，就会自发要求通过使用更多的分析方法和更深入的数据来改进算法。例如，用户要求我们集成应用程序使用率数据来避免午餐时间浏览社交媒体时显示"请勿打扰"或"忙碌"的状态和确保当他们在 IDE 中进行调试时是显示忙碌的状态。通过让用户来驱动数据收集，用户可以清晰看到使用更丰富的数据有何价值并减少对隐私的担忧。由于工作区域的生产力对比、同事之间的对比以及团队成员之间的竞争是另一个担忧。参与者担心自己总不是忙碌的状态而被其他同事认为自己不够专注。我们设计的指示灯正是一种减少这种同侪压力的方式。特别需要说明的是，我们通过个人历史数据来设置状态改变的阈值，使每个参与者每天指示灯被设置为忙碌和请勿打扰的时间大致相同。我们还允许用户手动设置灯光状态，并告诉用户空闲状态并不代表没在工作，它只是表示现在可以接受打扰。

有价值比准确更重要

虽然每个研究参与者都提出了可以提高指示灯准确度的方法，但方法的准确度已经足够好，并且可以快速大规模实施。我们发现只要指示灯为用户提供一些价值，就很容易被所有人接受，准确性只是一个次要问题，所以我们不需要投入太多。因此，我们首先关注的是简便和有价值，现在我们有了庞大的用户群体，来测试各种不同的策略，我们有充足的时间来不断提升指示状态算法的准确性。

让用户带给自己惊喜

指示灯的主要目的是培养人们的意识，让他们关注到此时是否适合接受打扰。然而，发现了很多别的用法。例如，他们把它作为一个私人监视器来反映自己的生产力，或者通过查看远处的指示灯或查看他的 Skype 状态，在走到同事办公桌之前就知道他是否在办公室。早期得到的用户反馈有助于我们识别和拓展设计时没有预料到的这些潜在场景。

结语

指示灯是一种类似交通灯的 LED 灯，用以显示技术人员何时可以沟通或回答问题。一项有 449 名参与者的研究表明，指示灯减少了工作中的打扰，提高了生产力，增强了人们对这一话题的关注。总的来说，指示灯项目非常成功，被多家媒体报道（http://sealuzh.github.io/FlowTracker/），而且研究参与者仍然在继续使用。我们认为，被用户成功采用的关键因素是通过一种安装配置简单、尊重用户隐私、适配用户的各种使用需求和场景的方式来解决用户实际工作中所遇到的问题。

拥有自己的指示灯

想拥有自己的指示灯么？我们非常高兴和 Embrava（https://Embrava.com/flow）合作，将指示灯带给更多的人。办公生产力公司得到了指示灯软件授权并计划支付一定费用，将这个自动检测算法集成到他们的产品中，比如 BlyncLight 状态灯或 Lumena 状态灯耳机。

关键思想

以下是本章的主要思想。

- 打扰，特别是当面的打扰，是生产力最大的阻碍之一。
- 指示灯通过一种类似交通灯的 LED 灯来表明办公室的同事是否可以接受打断。
- 指示灯减少了 46% 的打扰，提高了打扰的认识，用户感觉自己的工作更有效率。
- 指示灯取得了成功是因为它简单易用以及用户驱动设计过程的持续开发迭代。

参考文献

[1] Spira, Jonathan B., and Joshua B. Feintuch. "The cost of not paying attention: How interruptions impact knowledge worker productivity." Report from Basex (2005).

[2] Bailey, Brian P., and Joseph A. Konstan. "On the need for attention-aware systems: Measuring effects of interruption on task performance, error rate, and affective state." Computers in human behavior 22.4 (2006): 685-708.

[3] Mark, Gloria, Daniela Gudith, and Ulrich Klocke. "The cost of interrupted work: more speed and stress." Proceedings of the SIGCHI conference on Human Factors in Computing Systems. ACM, 2008.

[4] Züger, Manuela, Manuela Züger, Christopher Corley, AndréN Meyer, Boyang Li, Thomas Fritz, David Shepherd, Vinay Augustine, Patrick Francis, Nicholas Kraft, and Will Snipes. "Reducing Interruptions at Work: A Large-Scale Field Study of FlowLight." Proceedings of the 2017 CHI Conference on Human Factors in Computing Systems. ACM, 2017.

开放授权

第24章 通过改善信息流来实现高效软件开发

Gail C. Murphy（加拿大英属哥伦比亚大学）

Mik Kersten（加拿大 Tasktop 技术公司 *）

Robert Elves（加拿大 Tasktop 技术公司） ／文　王惠兰／译

Nicole Bryan（美国德州奥斯汀）

软件开发的本质是信息密集型知识的产生和消费活动。分析市场和趋势相关信息来创建软件需求，描述软件系统需要具备哪些功能。这些需求成为软件开发人员用来生成模型和代码的信息，代码在执行时提供系统所需要的行为，系统的执行可以创建更多用于分析软件运行机制的信息。

我们对软件工具如何促进软件开发效率感兴趣。我们的假设是，通过改善人与创建软件系统所涉及的工具之间的信息访问和流动，可以提高软件开发的生产力。在本章中，我们回顾了基于此假设引入的技术演化。大型软件开发组织正在使用这些技术，并已证明它们可以提高软件开发人员的生产力。这些技术着重说明了如何在个人（Mylyn工具）、团队（Tasktop Sync 工具）和组织级别上（Tasktop Integration Hub）考虑生产力。

---

* 中文版编注：加拿大一家企业服务公司，能够帮助企业有效管理旗下的多个项目，将软件开发、市场营销、产品销售等项目进度和过程聚合在一个平台上，提升项目实施效率，帮助企业实现敏捷开发和运维转型。代表作有《价值流动：数字化场景下软件研发效能与业务敏捷的关键》（2022 年 10 月出版）。

C. Sadowski and T. Zimmermann (eds.), *Rethinking Productivity in Software Engineering*,
https://doi.org/10.1007/978-1-4842-4221-6_24

Mylyn：改善软件开发人员的信息流

软件系统均需要可运行其功能行为的代码。要为系统生成代码，软件开发人员必须处理大量信息，例如书面要求、有关库和模块的文档以及测试套件，结果造成开发人员信息过载。

图 24–1 显示了软件开发人员修复 bug 时的集成开发环境快照，开发人员正在查看有关 bug 的描述（A），屏幕主体部分中的一些隐藏标签页中包含开发人员排查 bug 时已读过的源代码，屏幕底部（B）显示了在堆栈跟踪中一个方法的部分名称的搜索结果，屏幕左侧可访问更多的系统代码（C）。在这种环境下，要完成一项新功能的代码开发或 bug 修复，开发人员必须执行很多步骤来获取必要的上下文信息。仅仅开始一项任务，就会产生很大的开销，系统越复杂，开发人员需要查找更多的信息和保持更多的认知才能开展工作。如果开发人员一天只完成一项任务，那么这种开销是可以承受的。但是，研究表明，开发人员平均每天要完成五到十个任务，在切换到其他任务之前，在某个任务上每次只能花几分钟 [3]，结果，开发人员会不断花时间查找和反复查找完成某项任务所需要的信息，从而影响了工作效率。

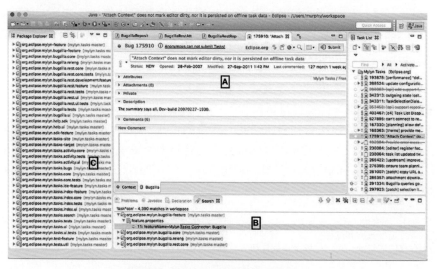

图 24-1　集成开发环境中信息太多

为了解决个体软件开发人员面临的信息流过度问题，我们为集成开发环境创建了以 Mylyn 任务为中心的界面[2]。Mylyn 通过围绕执行的任务来明确构建开发人员的工作框架，改变开发人员与组成软件系统的工件交互的范式。使用 Mylyn，开发人员可以通过激活任务描述来开始处理任务。任务描述可以是问题跟踪器中的 bug 描述或新功能的描述。激活任务后，Mylyn 开始跟踪开发人员在任务中访问的信息，并根据访问信息的频率和时效，使用算法对开发人员对信息的兴趣程度进行建模。例如，如果开发人员在任务中对特定的方法定义仅访问了一次，那么随着任务的进行，该方法在兴趣度模型中的兴趣级别将降低。如果开发人员在该任务中对另一种方法进行频繁的编辑，则其对应的兴趣级别将持续提升。这些兴趣可以用于多种场景。例如，该模型可使开发环境专门聚焦在某个任务相关的信息上，图 24-2 显示了相应的开发环境界面，该界面专注于先前谈到的相同的 bug 修复任务。这种情况下，开发环境为开发人员提供了为完成任务所仅需信息的便捷访问方式：所有其他信息均易于访问，但屏幕上并不显示，以免造成干扰。因此，开发人员可以看到访问的信息如何容纳在系统的结构里（A），并且在需要时可以更容易访问。在幕后，随着开发人员工作的进行，Mylyn 会自动对信息流进行建模，并在界面中显示该流的最重要部分，以便于访问。然后，可以使用该模型将信息流入到其他开发工具中。例如，活动任务可以自动为 SCM 系统填充要提交的消息，例如 Git。或者可以将其附加到一个主题上，以便与另一位开发人员共享，开发人员可以将某些信息访问授权给另一方，从而双方可以针对同一主题进行代码审查。

为了确定 Mylyn 是否能通过让开发人员访问必要的信息来改善生产力，我们进行了纵向实地研究。在这项研究中，我们招募了 99 名正在使用 Eclipse 集成开发环境来从事软件开发的实践者。在研究的前两周，参与者正常使用集成开发环境，开发环境收集了有关开发人员工作方式的日志。一旦开发人员达到编码活动的阈值，便邀请开发人员在其集成开发环境中安装 Mylyn 工具。在开发人员使用 Mylyn 工作时，也收集了更多的编码活动日志。为了确保可以合理比较 Mylyn 安装前后的活动，我们定义了可接受的编码活动阈值，16 名参与者达到了我们的阈值。对于这些参与者，我们比较了 Mylyn 使用前后的编辑效率，即日志中编辑和导航事件的相对数量。我们发现 Mylyn 的使用提高了开发人员的编辑效率，对使用 Mylyn 减少访问信息的开销，同时从执行动作的视角看，对生产力的提高提供了额外的支持。换句话说，当该工具聚焦在编码上并支持相应的上下文切换时，开发人员将产出更多代码，减少查找信息的时间。Mylyn 是 Eclipse 集成开发环境（www.eclipse.org/mylyn）的开源插件，全球开发人员使用了 13 年以上。

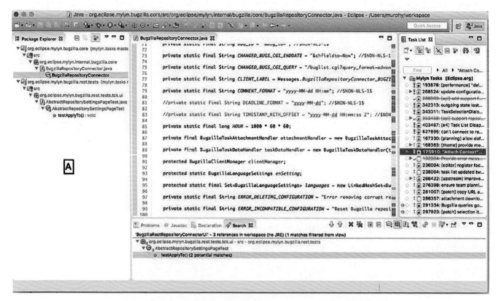

图 24-2　Mylyn 以任务为中心的界面（Eclipse 集成开发环境）

Tasktop Sync：改善开发团队的信息流

通过与使用开源 Mylyn 工具以及我们公司（Tasktop Technologies）基于 Mylyn 的 Tasktop Dev 商业版进行合作，我们了解到团队级别在信息访问方面遇到的更多麻烦。公司在支持各种开发活动时，逐渐由单一的供应商工具转变为针对组织中不同团队可以分别选择其最佳的开发工具。因此，专注于需求收集的业务分析师可能正在使用一个供应商提供的工具，开发人员使用另一供应商的工具来写代码，测试人员使用第三个供应商的工具，等等。尽管每个同类最佳的工具都可以实现富有成效的工作，但由于必须将信息手动重新输入到另一个团队使用的工具或采用某种其他形式（例如通过电子表格或电子邮件）进行数据传递，因此阻碍了团队之间的信息流动。信息也可能无法流动，从而导致开发上的困难，例如指定的团队可能遇到无法访问所需信息的错误。随着软件开发中敏捷性的提高和交付速度的需求，团队之间缺乏信息流的自动化成为主要障碍。Forester 在 2015 年的一次调查中发现，工具集成过程中的空白已成为导致组织中软件生命周期现代化失败的第一大根源，同时成本超支。团队之间信息流动成本对团队生产力的影响导致了生产力的下降。

通过 Mylyn 和 Tasktop Dev，我们获得了在大型软件开发组织中不同团队使用的最佳工具中描述任务（一个工作单元）的各种方式的专业知识。我们意识到可能在这些工具之间抽象出任务的概念，并能够在工具之间自动传递任务信息。2009 年，我们引入了 Tasktop Sync。图 24-3 提供了 Tasktop Sync 支持的抽象概念。通过平台能力，Tasktop Sync 使任务信息可以在不同类型团队的工具之间流动，从立项到处理服务请求。

图 24-3 Tasktop Sync 平台视图

Tasktop Sync 在后台运行，几乎实时地跨工具同步信息。Tasktop Sync 通过每个工具的 API 访问工具中的信息。每个工具在不同的工作流中使用不同的结构来表示任务信息，因此，Tasktop Sync 依赖于配置信息，在工具之间映射和转换数据。例如，业务分析人员使用的工具中的任务可能是具有简短标识符和较长名称的需求。与开发人员工具同步后，开发人员工具中相关任务的标题可能变成需求工具中标识符再加上更长的名称。同步规则不仅限于简单的数据转换，例如数据串联。当数据值指示工作流程状态（例如缺陷是新产生还是刚刚重新打开）时，必须使用某些工具将信息的状态适当映射到工作流程。有时，工作流信息的匹配可能依赖另一工具中数据状态的多次更改，例如要求任务从创建状态自动转换为打开状态。

在工具之间同步信息时，还需要对工具之间的任务上下文进行解释和管理。在业务分析师的工具中，任务（需求）可能存在于层次结构中。该层次结构上下文必须适当地映射到其他工具。例如，开发人员使用的问题跟踪程序可能需要以 epic 和 user story 结构表示的信息。由于工具有时可以多种方式表示上下文信息，包括作为其他工具中信息的链接，因此在同步期间需要维护上下文。

由于软件开发不是线性活动，因此，为了适当地支持团队，Tasktop Sync 启用了双向同步。例如，如果业务分析师在其工具中创建的任务已与开发人员的工具同步，并且开发人员随后开始处理该任务并添加注释，要求澄清该任务的性质，则该注释可以自动同步回业务分析师的工具。结合使用 Tasktop Sync 的这些功能，团队成员可以使用已针对其执行工作做过优化的同类最佳工具，他们可以在自己的最佳工具选择中与其他团队成员直接进行实时互动。

Tasktop Sync 已用于组织内部和不同组织之间，以改善参与软件开发项目的团队之间的信息流动。一家信用卡处理公司使用 Tasktop Sync 把测试自动化工具的测试结果集成到组织用来描绘项目进度的工具中。一家大型汽车厂商使用 Tasktop Sync 在其供应商的工具和自身组织中使用的工具之间同步需求变更和缺陷数据。对汽车厂商而言，一个重要因素是能够配置供应商在给定工具的特定情况下使用的多个存储库之间工作流程的差异。厂商通过与供应商之间的信息同步，提交报告的时间不超过 3 秒钟，从而为集成到厂商产品中的软件之间提供很好的透明度。

Tasktop Integration Hub：改善软件开发组织的信息流

我们一直致力于改善软件开发中的信息流，组织开发软件的方法发生了重大的变化，这在很大程度上得益于 DevOps 运动的推动。在过去的十年中，DevOps 运动帮助组织考虑如何在软件生命周期的各个部分提高自动化程度以及如何以更快时间交付的同时保障软件质量 [1]。对整个软件交付过程的思考连带引发了对软件交付价值流的考虑，其中交付过程被视为一个端到端的反馈环，以一种优化业务价值的方式向客户流动价值。举一个简单的例子，考虑一个拥有两个软件开发交付团队的组织：一个交付移动应用程序，另一个为公司的保险业务交付基于 Web 的应用程序。与第二组相比，第一组每月能够交付更多面向客户的功能。通过分析每个小组的软件交付价值流，与基于 Web 的应用程序团队相比，移动应用团队由于使用了自动化测试流程，所以能够更快创建高质量的新功能。组织可以用此办法来改善更多团队的软件开发流程。

在 Tasktop，我们的产品不断发展。我们的重点仍然是改善整个组织的信息流，而我们的最新产品 Tasktop Integration Hub 已取代了 Sync 和 Dev 这两个产品。通过 Tasktop Integration Hub，可以使组织的软件交付价值流可视化。基于我们对不同团队所用工具之间同步数据的认知，Tasktop Integration Hub 可以洞察不同项目的不同工具之间正在发生什么信息流。图 24-4 显示了一个 Tasktop 集成环境示例，它是由各个团队在其工具之间建立的集成自动绘制的。环境视图使组织能够考虑和优化其软件开发过程中发生的步骤。在执行时，Tasktop Integration Hub 捕获信息如何在开发团队使用的工具之间流动的数据。该数据支持跨工具链报告，因此可以跟踪从确定需求到部署所需的时间和相应价值等开发方面的信息。对以 Tasktop Integration Hub 的需求来自企业 IT 组织需要连接大量的团队和工具来支持跨软件交付价值流的信息流和信息访问。

通过支持软件生命周期的可视化并支持生命周期变化时跟踪指标的能力，Tasktop Integration Hub 可以精确定位生命周期中哪里成本过高，这是能够实施变革以减少组织层面的过度开销并提高生产力的先决条件。

回到组织内的移动应用程序和基于 Web 的应用程序交付团队的示例，Tasktop Integration Hub 提供了信息如何在每个交付团队使用的工具之间流动的清晰视图，通过交付团队不同部门使用的每个工具，可以报告多少个正在处理中的客户功能的指标。通过基于价值流的信息流，各个团队之间的差异可以用来反思所采用的不同方法，确定在哪些地方可以通过流程变更来提高生产力，例如引入自动化测试。

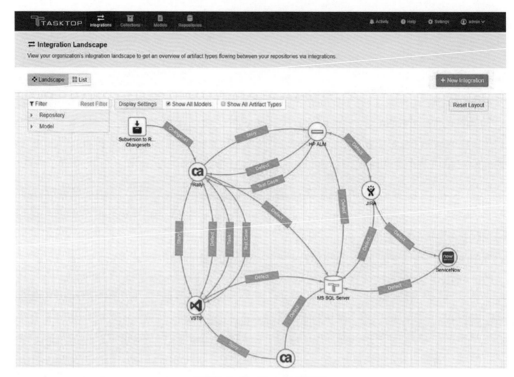

图 24-4　Tasktop 集成环境

结语

快速交付高质量软件是许多组织的目标，无论其最终目标是软件产品还是其内部基于软件支撑的业务。软件属于信息密集型的活动，因此创造价值的能力关键取决于信息的流动和访问。如果信息传递不当，会延迟传递，或者更糟的是可能出错，从而导致质量下降或进一步延迟交付。如果支持并优化信息流，则可以缩短交付时间和提高组织内的生产力。

在本章中，我们考虑了软件开发组织中信息如何在不同的层次上流动。个人必须通过工具来访问特定的信息。团队必须有权访问在其他团队的工具中输入和更新的信息。

组织必须考虑不同团队的活动如何结合以创建软件交付的价值流动。通过考虑这些不同的流动以及成本高到异常的环节，可以设计支持工具来帮助改善流动并提高生产力。我们已经描述了通过最初的学术研究，开源 Mylyn 工具以及 Tasktop 构建的后续商业应用程序生命周期集成产品所经历的旅程，这些产品在个人、团队和组织层面提高了生产力。考虑到有很多软件已经渗透到各种业务中，提高创建软件的生产力就意味着提高大量业务的生产力。对信息流的进一步分析可能有望将来进一步提高生产力，这将对医疗保健、商业和制造领域产生深远的影响。

关键思想

以下是本章的主要思想。

- 软件开发人员之间的信息流与生产力直接相关。
- 在充分支持信息流的情况下，可以缩短软件的交付时间和提高组织内部的生产力。
- 个人、团队和组织需要不同种类的信息流支持。
- 个人、团队和组织可以受益于信息流，更好地体现在最佳个人工具中，使他们可以最高效地工作。

参考文献

[1]　Humble, J. Continuous delivery sounds great, but will it work here. CACM, 61 (4), pp. 34-39.

[2]　Kersten, M. and Murphy, G.C., Using task context to improve programmer productivity. In Proc. of FSE, 2006, pp. 1-11.

[3]　Meyer, A.N., Fritz, T., Murphy, G.C., Zimmermann, T. Software Developers' Perceptions of Productivity. In Proc. of FSE, 2014, pp. 19-29.

开放授权

第 25 章　正念有望提高生产力

Marieke van Vugt（荷兰格罗宁根大学）/ 文　　孟珍 / 译

正念的定义

过去的每一天，很多流行的博客文章都将正念（mindfulness）视为提高生产力的解决方案。许多大公司提供正念课程。为什么正念对生产力有用？在讨论这个问题之前，先定义正念很重要。传统概念上，正念运动的发起人卡巴津恩（Jon Kabat-Zinn）将其定义为"以一种特定的方式来觉察、活在当下且不做判断"[5]。一种常见的方法是将注意力转移到呼吸上，然后轻轻觉察它是否还在那里。在意识到来之前，你会发现注意力已经转移到其他地方了。一旦注意到自己走神（可能是两分钟后，也可能是半小时后），只需要放下这个想法，让注意力回到呼吸上。这就是集中注意力的方式，它就在当下，既没有留恋过去，也不去展望未来。这种集中注意力的方式同时具有非判断性的特点，因为当你意识到自己已经分心时，就不会感到沮丧并责怪自己是一个糟糕的正念修行者，相反，你会意识到这是大脑自然在做的事情，然后再将注意力调

---

[*]　中文版编注：samma-Sati（梵文 samyak-smrti）意为"止"和"保持对某对象的觉照"，又译为"念根"或"系念"。"念"是一种有意识地觉察过程，通过这一过程来保持思绪的稳定，形成一种精进、不逸散的力量，以正念来观察身、受、心、法。

© The Author(s) 2019

C. Sadowski and T. Zimmermann (eds.), *Rethinking Productivity in Software Engineering*,

https://doi.org/10.1007/978-1-4842-4221-6_25

整到呼吸上。可以说你正在尝试和自己的思想成为朋友，用一种愉悦的感觉（一种传统的佛教表达方式是"像一个老人在看一个孩子玩耍"）来观照它的行为。正念的练习时间往往在三分钟到一小时不等。

正念是一种世俗的冥想练习，由卡巴津恩（Jon Kabat-Zinn）在（大部分）佛教冥想技术的基础上发展而来。它只是众多冥想技巧中的一种，这些技巧在冥想的对象（不局限于呼吸，但可以是任何东西，包括电脑屏幕上的代码）、注意力焦点的宽度和期望的结果 [7] 上各不相同。正念通常用来缓解压力，传统上正念的目标是使心灵更柔软，从而抑制贪婪、仇恨和妄想（佛教中三种负面情感）等负面情绪。因此，从传统上讲，正念状态本身并不是一个目标，而是一种手段，能让人以更道德的方式生活及成为一个更友善和富有同情心的人。

正念与生产力

正念在医院里广泛用于减轻压力和康复治疗。它还被奉为一种治愈方案，能让员工在非常紧张的环境中保持健康。通过把注意力放在呼吸上而不是那么认真地思考，来让人学会放松。一项开创性的研究 [3] 初步提供了一些证据来说明正念对减压有效果的，研究表明，一家生物科技公司的员工在接受正念干预后，压力减轻，免疫反应也有所改善。

此外，人们普遍认为正念有助于抵消注意力分散和无脑状态，使人能够长时间不受干扰地保持专注。这种说法的证据较少，我们将在下一节讨论。尽管可以将正念练习视为注意力的训练，但这不是正念的重点。此外，尚不清楚的是，少量的正念训练实际上是否足以显著提高注意力。因此，本章将批判性地评估正念的认知益处，讨论正念对情绪弹性的好处，然后提出正念在软件工程中的具体应用。

正念的认知益处

已经有越来越多的实验室研究正念对认知的好处。综合分析 [11] 指出，这些好处是有限的。一个重要的原因是，在认知功能得到改善之前，很可能需要大量的练习。尽管如此，为了理解正念是否可能以及如何有益于软件生产力，准确回顾其在注意力、注意力分散和记忆力方面已观察到的认知好处是非常有用的。

首先，正念已经在注意力训练的背景下做过研究。这是合乎逻辑的，因为在正念的定义中，注意力的显著特征就是不加评判地以一种特定的方式保持关注。科学地说，注意力可以细分为不同的官能，每个官能都有自己的任务。也许在持续保持关注的领域中观察到了最令人信服的注意效果：在相当长的时间内对刺激保持关注的能力。一项针对三个月静修的练习者进行的开创性研究表明，尽管人们在完成一项任务的过程中注意力通常会下降，但在经过 1.5 个月的高强度练习后，实际不会，即使在静修结束后，这种效果仍然保持不变。当然，对于一般的软件工程师来说，3 个月的静修培训是不可行的。

据报道，正念练习有助于改善注意力的其他方面，包括将注意力定向到所需位置、在正确的时间投入以及处理冲突。这三方面都在单一的认知任务中进行度量：注意力网络任务。在不同的冥想者群体中，尽管冲突监测效果的报道最频繁和最一致 [13]，但这三方面的改善都可以观察到。最后一种注意力能力是能够灵活分配以应对快速变化的刺激。据观察，经过 3 个月的密集冥想后，注意力变得更加灵活。为了达到这个效果，选择练习什么类型的冥想很重要，因为我们发现，只有做冥想练习时才会出现这种情况，这种练习涉及到对环境的全面监控，而不是一个特定的焦点，比如呼吸 [15]。

对注意力进行度量的另一方面是看分心的趋势，这可以通过在无聊任务中随机询问人们是否真的在做这个任务，或者他们是否分心来量化（关于这些任务的更多细节见第 14 章）。Mrazek 和他的同事 [10] 观察到，与放松诱导相比，接受这种任务的参与者在短暂的正念诱导后报告的注意力缺失更少。此外，工作记忆能力等测试分数的提高似乎取决于一个人分心的倾向。考虑到正念需要对注意力保持持续的监控，这很有意义。

第三种认知技能是记忆。有几项研究表明，正念 [14] 可以改善工作记忆——即记忆最新信息并对其进行操作的能力。工作记忆在软件工程中对可视化特定控制结构对软件体系结构的影响或记住复杂程序的完整设计等任务至关重要。正念带来的工作记忆改善很可能与正念减少了注意力分散有关。与工作记忆相比，人们关于正念对长期记忆的影响人们知之甚少，即更长久地存储和检索信息的能力。这种记忆能力在软件工程中至关重要，例如，能够记住编程语言中的相关命令，并记住软件架构如何随时间变化。在长期记忆这一领域，这方面的研究很少。其中一项研究证明了认知记忆的改善，也就是在非常短暂的正念诱导 [1] 之后，记住之前所见的能力。

专注力和情商

也有人提出正念可以提高情商，这可能对管理者或团队合作有帮助。情商是一个相当模糊的概念。这个词是由萨洛维（Peter Salavoy）和梅耶（John Mayer）创造的，后来被戈尔曼（Daniel Goleman）普及。它指的是识别、理解和管理自己及他人情绪的能力。在练习正念的时候，花一些时间观察气息的思想和情绪，这很容易帮助提高这种能力。正念的关键在于，培养一种对的思想与情绪非常友好和不加判断的态度，这是管理情绪的有效方法。通常，我们管理情绪的方式是试图抑制或增强它们而往往导致情绪失控。正念修行者了解到，通过简单观察思想和情绪，可以使其自行消失。

在软件生产力的背景下，一项重要的情商技能是情绪适应力，即应对挫折的能力。韧性的关键，是要认识到虽然情绪可能看起来很强烈，但也是短暂的。在受到批评时，这可能感觉像是一场灾难，但从正念中接收到的无常观点，你会意识到情绪的影响只是暂时的。不要过于沉浸于灾难化的情绪中，这是认知弹性的一个重要组成部分，可能有助于提高生产力。

此外，如今的许多编程工作都需要大量的团队协作。团队协作，尤其是在竞争的环境中，会带来很大的人际摩擦。尽管这方面的研究很少，但最近有项研究表明，对敏捷团队进行短暂的正念干预可以提高彼此的倾听能力 [4]，这对防止和减少人际摩擦至关重要。传统上，正念是一种增加同理心的自然方法，当你的思想产生出一种善良和不评判的感觉时，正念就会自然产生。事实上，一项实验研究为这种同理心提供了经验证据；在面对一个拄着拐杖的实验者同伴时，人们在正念干预后放弃椅子的次数要多于未干预前 [2]。

正念的陷阱

前面展示了正念和冥想练习对认知与情感技能的积极影响，这些技能对提高生产力至关重要。然而，值得注意的是，正念的负面影响也开始有报道 [6]。这些影响还没有被系统列出，但对冥想教师和修行者的大量访谈表明，正念的负面影响可能从睡眠障碍到情绪问题，再到过去创伤的重现，等等。人们可能认为，这些负面影响只有在长时间的正念练习之后才会出现，但事实上，在首次参加正念干预的冥想者中也有报道。因此，在训练有素的老师监督下进行正念练习很重要，他能识别负面影响的迹象并在必要时停止干预。此外，正念干预绝不应该作为一种针对整个公司的全面干预，因为它们可能并不适合每个人。理想情况下，未来的研究将总结出一类人格特质，对于这类人，正念是不太可取的一种干预手段。

正念休息

现在，如果想在软件工程师的工作流程中实施正念干预，我们应该怎么做呢？这些更实用的建议主要来自我自己作为正念练习者和冥想教师的经验。首先应该强调的是，考虑到它潜在的负面影响，把它强加给软件工程师是不可取的。如前所述，设定正确的期望也很重要，认知好处是有限的，而第一个好处可能出现在情绪适应力上。

在建立了这些边界条件之后，如果软件工程师想要在工作中进行正念练习，以我的经验来看，最好的方法是在一天进行大量的练习，一天休息一小会儿。较长时间的正念练习（理想情况下至少 20 分钟）有助于培养和发展认知技能，而较短的时间则可以在工作日起到醒神的作用。事实上，有人认为，这不到三分钟的休息时间可能是最有效的休息时间（即比浏览相同时间的社交媒体更有效）。一个人可以在完成一个小任务（如写一段程序）后休息片刻。或者，可以设置一个计时器来中断调试会话，这可能有助于重新认识自己写的程序。

对大多数人来说，把呼吸作为冥想对象效果很好，因为可以把你和自己的身体重新连接起来。然而，对一些人来说，呼吸可能有点幽闭。在这种情况下，将注意力集中在声音上可能会有所帮助（特别是因为可能有很多声音可供选择）。关注声音的另一个好处是，可以学会以更友好的态度对待自己认为很烦人的声音。

也许令人惊讶的是，对大多数人来说，在工作日短暂的静心休息是不容易的。即使是经验丰富的冥想者，这样的想法也经常出现："我是否应该做一些更有用的事情？""总是有更多的事情要完成，而且经常有更多的任务让我们觉得更有价值。"有时甚至可以说社交媒体比正念休息更有用，因为至少你在做事情。然而，我与其他人的经验[9]表明，当你鼓起勇气去休息，可以缩小视野，更好地安排工作的优先级，并且能够与内心的善良以及同事建立更深层的联系。得到富有成效的正念休息，重要的是用心感知当下发生的事情，而不是完全让自己远离。正念的态度不仅包括对它的善意关注，还包括好奇心。你可以觉察到自己对当前情况的直觉反应，或者可以觉察自己的意图。还要意识到短暂的正念休息并不总是会让人感觉到平静和幸福。关键是要活在当下，坦然面对眼前发生的一切。我们的目标不是成为一个完美的冥想者！

把正念纳入工作中的最后一个考虑是关注自己的意图。在有关正念的通俗文献中，对意图的讨论远远少于对专注的讨论。然而，培养良好的意愿是正念[5]的重要组成部分。正念练习的目的不仅是为了让自己感觉更好，还是为了让其他众生受益。根据我个人的经验，这种态度在工作日的开始和结束时得到加强，然后会有一种巨大的空间感，得到内心的平静。突然之间，工作不再主要是为了超越自己，而是有了更大的目标。当工作不只是为自己完成时，挫折也就不会那么令人沮丧，因为你意识到自己并不孤单。

结语

总的说来，正念对软件工程师有好处。正念与有限的认知好处相关，比如减少注意力分散和更多实质性的情感好处，比如提高面对挫折时的情绪管理能力及应对能力。然而，重要的是要认识到它不是万能药。正念不是不劳而获的立竿见影的结果。此外，正念可能不适用于每个人。要将正念融入软件工程师的工作流程，必须要有技巧。

关键思想

以下是本章的主要思想。

- 正念对认知的好处有限，但可能会提高情商。
- 短暂的正念休息可能会提高生产力。
- 对某些人来说，正念也可能产生不利的影响。

参考文献

[1] Brown, Kirk Warren, Robert J Goodman, Richard M Ryan, and Bhikkhu Analayo. 2016. "Mindfulness Enhances Episodic Memory Performance: Evidence from a Multimethod Investigation." PLoS ONE 11 (4). Public Library of Science:e0153309.

[2] Condon, P., G. Desbordes, W. B. Miller, and D. DeSteno.2013. "Meditation Increases Compassionate Responses to Suffering." Psychological Science 24 (10):2125-7. https://doi.org/10.1177/ 0956797613485603.

[3] Davidson, R. J., J. Kabat-Zinn, J. Schumacher, M. S. Rosenkranz,D. Muller, S. F. Santorelli, F. Urbanowski, A. Harrington, K. Bonus,and J.F. Sheridan. 2003. "Alteration in Brain and Immune Function Produced by Mindfulness Meditation." Psychosomatic Medicine65:564-70.

[4] Heijer, Peter den, Wibo Koole, and Christoph J Stettina. 2017."Don't Forget to Breathe: A Controlled Trial of Mindfulness Practices in Agile Project Teams." In International Conference on Agile Software Development, 103-18. Springer.

[5] Kabat-Zinn, J. 1990. Full Catastrophe Living: The Program of the Stress Reduction Clinic at the University of Massachusetts Medical Center. Dell Publishing.

[6] Lindahl, Jared R, Nathan E Fisher, David J Cooper, Rochelle K Rosen, and Willoughby B Britton. 2017. "The Varieties of Contemplative Experience: A Mixed-Methods Study of Meditation-Related Challenges in Western Buddhists." PLoS ONE 12 (5). Public Library of Science:e0176239.

[7] Lutz, Antoine, Amishi P Jha, John D Dunne, and Clifford D Saron.2015. "Investigating the Phenomenological Matrix of Mindfulness-Related Practices from a Neurocognitive Perspective." American Psychologist 70 (7). American Psychological Association:632.

[8] MacLean, K. A., E. Ferrer, S. R. Aichele, D. A. Bridwell, A. P. Zanesco, T. L. Jacobs, B. G. King, et al. 2010. "Intensive Meditation Training Improves Perceptual Discrimination and Sustained Attention." Psychological Science 21 (6):829-39.

[9] Meissner, T. n.d. "https://www.mindful.org/Get-Good-Pause/."Accessed 2017.

[10] Mrazek, M. D., J. Smallwood, and J. W. Schooler. 2012."Mindfulness and Mind-Wandering:Finding Convergence Through Opposing Constructs." Emotion 12 (3):442-48. https://doi.org/10.1037/ a0026678.

[11] Sedlmeier, P., J. Eberth, M. Schwarz, D. Zimmermann, F. Haarig, S. Jaeger, and S. Kunze. 2012. "The Psychological Effects of Meditation: A Meta-Analysis." Psychological Bulletin 138 (6). American Psychological Association:1139.

[12] Slagter, H. A., A. Lutz, L. L. Greischar, A. D. Francis, S. Nieuwenhuis, J. M. Davis, and R. J. Davidson. 2007. "Mental Training Affects Distribution of Limited Brain Resources." PLoS Biology 5 (6):e138.

[13] Tang, Yi-Yuan, Britta K Hölzel, and Michael I Posner. 2015. "The Neuroscience of Mindfulness Meditation." Nature Reviews Neuroscience 16 (4). Nature Publishing Group:213-25.

[14] van Vugt, M. K., and A. P. Jha. 2011. "Investigating the Impact of Mindfulness Meditation Training on Working Memory: A Mathematical Modeling Approach." Cognitive, Affective, &Behavioral Neuroscience 11 (3):344-53.

[15] van Vugt, M. K., and H. A. Slagter. 2013. "Control over Experience? Magnitude of the Attentional Blink Depends on Meditative State."Consciousness and Cognition 23C:32.